AF390141

L'ÉNERGIE
EN 21 QUESTIONS

PIERRE BACHER

L'ÉNERGIE
EN 21 QUESTIONS

À mon épouse Elizabeth.

PROLOGUE

J'emprunte souvent la RN 75 au départ de Grenoble, en direction de Sisteron. Passé Monestier-de-Clermont, la route serpente au pied du Vercors, dans le Trièves, et offre une vue splendide sur le massif de l'Oisans, presque toujours enneigé, dans le lointain. Après le col de la Croix-Haute, et une brève traversée d'un recoin de la Drôme, la route pénètre enfin, en arrivant dans les Hautes-Alpes, dans les « Alpes *vraies* », si l'on en croit le panneau placé au bord de la route. Plus bas, et pour n'être pas en reste, les Alpes de Haute-Provence se signalent par un panneau : « Ici commencent les Alpes *authentiques*. » Le Dauphiné ferait-il partie des Alpes « bidon » ?

Ainsi va le débat sur l'énergie.

Le débat national organisé en 2003 par le gouvernement est taxé de « débat bidon » par certaines associations écologistes, qui organisent un « vrai débat ». Le « vrai débat » se veut démocratique, mais seuls y sont invités, à de rares exceptions près, des opposants au nucléaire ; les conclusions en sont donc écrites d'avance. Le débat national est pluraliste, mais des questions, essentielles à mes yeux, n'y sont même pas effleurées ; en particulier, comment concilier le développement des pays pauvres et la protection du climat ? Comment assurer la sécurité de notre approvisionnement en gaz naturel ? Quel est le coût réel des énergies renouvelables ? Il reste donc beaucoup à dire sur l'énergie.

Il y a 6 ans, j'ai écrit un modeste ouvrage, *Quelle énergie pour demain ?*[1]. Depuis, j'ai eu l'occasion, au cours de nombreuses conférences et au sein de groupes de travail de l'Académie des technologies et de l'Office parlementaire d'évaluation des choix scientifiques et technologiques (OPECST) d'approfondir les multiples facettes du débat sur l'énergie. J'ai été frappé par l'intérêt que suscitent ces questions auprès d'une petite minorité de nos concitoyens, et par la pertinence des questions qu'ils se posent et qu'ils posent au spécialiste. J'ai aussi été frappé par le refus de dialogue de certains, attitude qui me rappelle le dogmatisme des staliniens de l'époque. Ailleurs, j'ai pu constater que d'autres – hommes politiques, hommes des médias, mais aussi scientifiques – sont parfaitement au fait des enjeux et des défis que pose le couple énergie/environnement, mais n'osent pas, au nom du politiquement correct, s'exprimer publiquement sur le sujet.

Une chose me paraît certaine aujourd'hui : le débat sur l'énergie n'est pas un débat « binaire », pour ou contre telle ou telle forme d'énergie, fût-elle nucléaire. On est plutôt dans un jeu de dames chinois avec de nombreux

---

1. Bacher, P., *Quelle énergie pour demain ?*, NucléoN, 2000.

joueurs, chacun poussant ses pions ; qui la sobriété et rien que la sobriété, qui le charbon, qui le pétrole ou le gaz, qui les énergies renouvelables (ou certaines d'entre elles), qui telle ou telle « filière nucléaire ». On le sait, dans ce jeu, on peut nouer des alliances de circonstance, parfois bien improbables, pour mieux avancer ses pions. Face aux questions multiples posées par les relations entre l'énergie et l'environnement, de telles alliances conduisent parfois à des contradictions assez cocasses.

Le présent ouvrage est un témoignage sur les discussions que j'ai pu avoir avec les uns et les autres au fil de ces six années et au cours d'une bonne centaine de débats qui m'ont, personnellement, beaucoup apporté. Il ne prétend en aucune façon être exhaustif, mais il aspire à apporter un éclairage sur ce qu'on n'ose pas toujours dire. Il est organisé autour des 21 questions le plus souvent posées, et s'achève par des propositions dont je porte seul la responsabilité. Entre les deux, un « interlude » rassemble quelques-unes des perles rares des contradictions relevées au cours de ces débats.

CHAPITRE 1

QUEL DÉBAT ?

Jusqu'au milieu du XVIIIe siècle, les hommes se débrouillaient avec les moyens immédiatement disponibles à proximité : leur propre force musculaire et celle de leur bétail, le bois et, le cas échéant, la force motrice des moulins à eau et à vent. Puis l'invention de la machine à vapeur et l'utilisation intensive du bois comme source « primaire » d'énergie ont entraîné une surexploitation des forêts en Europe avant que la houille ne prenne le relais et ne permette la révolution industrielle.

Depuis deux siècles et demi, l'énergie n'a guère été l'objet de débats. De guerres, oui.

On n'en finirait pas de recenser toutes les guerres dont un enjeu majeur était de s'assurer des ressources en énergie abondantes et bon marché. Tout près de nous, la Lorraine et la Sarre en ont fait la douloureuse expérience. Mais c'est surtout avec la montée en puissance de la civilisation du pétrole que les enjeux sont devenus mondiaux.

Le pétrole, indispensable aux armées modernes, est également à la base des sociétés industrielles. Il est facile à transporter. Il suffit de parcourir le Rapport Cheney[1] pour constater que la principale puissance mondiale adopte une stratégie de maîtrise des sources de pétrole dans le monde entier.

Deux constats simples permettent de bien situer le problème de l'énergie. En 1750, la population mondiale ne dépassait pas un milliard, alors que trois siècles plus tard, elle approchera de 10 milliards. La consommation d'énergie par habitant aura elle aussi été multipliée par 10. Au total les besoins auront été multipliés par 100, alors que les ressources énergétiques exploitées jusqu'à présent sont des ressources en quantités finies.

Les premiers à s'inquiéter de ces perspectives « énergétiques » ont été les animateurs du Club de Rome dans les années 1970[2], alors que la consommation mondiale d'énergie n'avait encore été multipliée que par 10. Extrapolant les croissances exponentielles de la population et des besoins, ils tiraient la sonnette d'alarme et préconisaient une « croissance zéro ». Bien que le terme de « développement durable » ne fût pas employé à l'époque, la question posée était bien celle-là.

Malgré cet avertissement, la crise énergétique des années 1970, avec les deux chocs pétroliers de 1973 et 1979, n'a pas donné lieu à débat en ces termes. Le principal,

---

1. National Energy Policy Development Group, *National Energy Policy*, mai 2001 ; dit Rapport Cheney, du nom du vice-président américain qui présidait ce groupe.
2. Meadows, D. *et al.*, *The Limits of Growth*, Universe Books, New York, 1972 ; rapport du Massachusetts Institute of Technology, dit Rapport du Club de Rome (traduit en français sous le titre « *Halte à la croissance* », Fayard, 1972).

pour ne pas dire le seul, critère était de limiter au maximum l'impact économique des chocs pétroliers. Les différents pays ont avant tout cherché des solutions adaptées à leurs situations propres. Les États-Unis ont cherché à diversifier leurs approvisionnements, pour s'affranchir des fourches caudines de l'Opep (les recommandations du Rapport Cheney sont dans le droit-fil de cette stratégie). En Europe, la Grande-Bretagne a tiré avantage des ressources pétrolières et gazières de la mer du Nord, l'Allemagne a misé sur son charbon et le nucléaire, et la France, n'ayant ni charbon, ni pétrole, ni gaz, a choisi le nucléaire. Partout, les responsables politiques ont paré au plus pressé, sans que cela donne lieu à débat. Le contre-choc pétrolier de 1985, en faisant retomber le prix du pétrole à un niveau proche de celui d'avant la crise, devait enterrer encore un peu plus toute idée de débat sur l'énergie.

Ce n'est qu'au début des années 1990 qu'un nouvel élément – le risque climatique lié à l'émission de gaz dits « à effet de serre » – est venu rouvrir la question. Jusque-là, les problèmes environnementaux liés à l'utilisation intensive de l'énergie, tels que les pollutions urbaines et les pluies acides endommageant les forêts, étaient résolus – plus ou moins bien et plus ou moins vite – en mettant en œuvre des moyens techniques permettant de réduire les pollutions. En revanche, les émissions de gaz à effet de serre, au premier chef le gaz carbonique produit lors de la combustion du charbon, du pétrole et du gaz naturel, ne peuvent pas être évitées avec les technologies existantes, et l'augmentation de la consommation de ces combustibles fossiles provoque irrémédiablement une augmentation de la teneur en gaz carbonique de l'atmosphère.

Le gaz carbonique rejeté dans l'atmosphère y séjourne plus d'un siècle. Il ne connaît pas de frontières et son effet est le même qu'il soit émis à Pékin, à Paris ou à Los Angeles. Bref, il s'agit d'un problème mondial qui ne peut être traité qu'à l'échelle internationale. La règle du chacun pour soi, parfaitement illustrée par les réactions des différents pays à la crise des années 1970, ne peut plus avoir cours.

Malheureusement, de nombreux jeux d'acteurs ont concouru ces dernières années à retarder la prise de conscience de l'ampleur du problème. Pour n'en citer que quelques-uns, pêle-mêle : l'alliance contre nature de certains écologistes et des charbonniers et pétroliers américains pour nier le risque climatique (les premiers par phobie du nucléaire, les seconds pour défendre leurs intérêts industriels) ; la propension de chacun des acteurs du secteur de l'énergie à se « peindre en vert » pour être politiquement correct (il suffit de lire les publicités des grands constructeurs d'autos américains, des pétroliers européens – Shell, BP, Total), et même de Gaz de France et EDF : tous ces discours tendent à montrer qu'il n'y a pas vraiment de problème ; dès lors, pourquoi s'inquiéter ? « Faites-nous donc confiance. »

Et pourtant, le risque climatique bouleverse la donne : il concerne la planète tout entière, il n'existe pas (pas encore en tout cas) de moyens efficaces de piéger le gaz carbonique émis, et le seul remède connu est de réduire les émissions. Gageure, alors que la population et les besoins continuent à augmenter et que les combustibles fossiles fournissent 85 % de l'énergie. Les défis sont de taille, les moyens ne sont pas légion, et chacun présente des avantages et des inconvénients. Le débat doit porter à la fois sur l'énergie, sur la protection du climat et sur l'économie, car les trois sont liées. Il doit être à la fois national, européen et mondial, car les solutions, quelles qu'elles soient, auront un impact important sur nos modes de vie et, encore plus, sur ceux des pays en développement. Bref, le débat est devenu une impérieuse nécessité.

Mais le risque climatique n'est pas le seul élément du débat. Les ressources en énergie de la terre sont limitées. Le pétrole dans les prochaines décennies, le gaz un peu plus tard commenceront à faire défaut. L'éthique du développement durable – léguer aux générations futures une terre dans un état satisfaisant – doit nous inciter à trouver des solutions de remplacement. Les pays pauvres ont des besoins pressants en énergies propres et bon marché pour pouvoir atteindre un niveau de vie décent : il y a là un problème d'équité rarement pris en considération dans nos débats nationaux.

Énergie, environnement, économie, éthique, équité, voilà quelques-uns des principaux thèmes du débat. Mais, avant d'entrer dans le vif du sujet, il n'est peut-être pas inutile de rappeler ce qu'est l'énergie, car l'expérience montre qu'il s'agit d'un concept souvent mal compris.

CHAPITRE 2

QU'EST-CE QUE L'ÉNERGIE ?

La notion d'énergie est une notion relativement récente[1]. Certes, nos ancêtres connaissaient la chaleur apportée par le soleil ou le feu. Ils connaissaient aussi la force (musculaire, motrice) et le travail qu'elle fournissait en se déplaçant. Mais il fallut attendre la fin du XVIIe siècle, avec Denis Papin et quelques autres, pour que l'homme apprenne à utiliser la chaleur pour produire un travail mécanique et la seconde moitié du XVIIIe siècle pour que des machines à vapeur un peu efficaces voient le jour avec James Watt. Ce n'est qu'au XIXe siècle qu'apparaît la science de l'énergie, le développement de la thermodynamique et les règles fondamentales qui la régissent. Notamment le « premier principe » qui affirme que l'énergie ne peut être ni créée ni détruite, mais simplement transformée d'une

---

1. Bobin, J.-L., Nifenecker, H., Stephan, C., *L'Énergie dans le monde. Bilan et Perspectives*, EDP Sciences, 2001.

forme dans une autre. C'est également au XIXe siècle que l'on découvre les propriétés de l'électricité, l'électromagnétisme et la possibilité de transformer l'énergie mécanique en énergie électrique (et réciproquement). Et, finalement, c'est au XXe siècle que l'on découvrira l'énergie nucléaire.

Le premier principe est particulièrement important. Nous ne « produisons » jamais d'énergie[2] : l'énergie que le charbon ou le pétrole sont en mesure de nous fournir provient d'une réaction chimique qui dégage de la chaleur entre les atomes de carbone et d'hydrogène et ceux d'oxygène. Lorsqu'un moulin à eau ou à vent « produit » de l'énergie mécanique, il ne fait que récupérer une fraction de l'énergie de l'eau ou du vent, elles-mêmes représentant une infime fraction de l'énergie fournie par le Soleil ; énergie du Soleil provenant elle-même des réactions nucléaires de fusion entre des atomes d'hydrogène... et on peut continuer à remonter la chaîne (d'où viennent les atomes d'hydrogène présents dans le Soleil, etc.). Un des points les plus importants à noter est que ces transformations successives s'accompagnent de pertes plus ou moins importantes, avec pour conséquence que seule une fraction de l'énergie est effectivement utile pour les différents usages que nous voulons en faire. Nous allons le voir concrètement sur l'exemple de la transformation de la chaleur en énergie mécanique.

Le « rendement de Carnot »

Dans le cas de la transformation de chaleur en énergie mécanique, le « deuxième principe » de la thermodynamique,

---

2. Nous continuerons cependant à utiliser le terme « production d'énergie », très ancré dans le vocabulaire.

énoncé par Carnot, relie le rendement maximum de la transformation aux deux températures de la source chaude (par exemple la vapeur produite dans une chaudière) et de la source froide (par exemple l'eau de la rivière qui sert à condenser la vapeur à la sortie de la turbine) : ce rendement maximum est de 50 % pour une vapeur à 320 °C et une eau de rivière à 20 °C. En pratique cependant, il y a toujours des pertes, et le rendement est toujours nettement inférieur à ce rendement maximum, de l'ordre de 33 % dans l'exemple choisi. Toujours est-il que ce second principe explique la course vers les hautes températures. Il explique aussi l'intérêt d'utiliser une source froide aussi froide que possible. Les progrès réalisés au cours des deux derniers siècles ont été spectaculaires[3].

Lorsque la température basse ne peut pas être abaissée, il peut être intéressant d'utiliser l'énergie « perdue » à la source froide. L'eau de la rivière réchauffée de quelques degrés dans le condenseur d'une turbine à vapeur pourra servir, par exemple, à chauffer des serres. Plus intéressant, le gaz encore très chaud sortant d'une turbine à gaz pourra être utilisé pour produire de la vapeur qui, elle-même, entraînera une turbine : de telles installations, dites à « *cycles combinés* » peuvent atteindre des rendements de 55 à 60 %.

Dans un ordre d'idées voisin, une même installation pourra utiliser une partie de l'énergie à produire de l'électricité, et une autre partie directement sous forme de chaleur utilisée dans des procédés industriels ou pour le chauffage ;

---

3. Le rendement était de 1 % dans les premières machines à vapeur de Watt, de 10 % dans les locomotives à vapeur modernes, de près de 40 % dans les centrales thermiques « classiques » au fioul et au charbon et approche 50 % dans les centrales dites « supercritiques » dans lesquelles l'eau est portée à plus de 600 °C.

on parle alors de « *cogénération* ». Le rendement global de l'installation peut dans certains cas atteindre 80 %.

Énergies dites « primaires »,
« finales » ou « utiles »

Les énergéticiens, partout dans le monde, distinguent trois niveaux d'énergie, directement liés aux degrés de transformation que celle-ci a pu subir.

Le premier niveau est l'énergie « primaire », par exemple la chaleur de combustion des énergies fossiles (charbon, pétrole ou gaz) et bois, la chaleur libérée par la fission de l'atome, l'énergie mécanique que peut fournir une chute d'eau ou une éolienne. Il est nécessaire de s'intéresser aux énergies primaires lorsque l'on veut parler des ressources d'énergie et de leurs effets sur l'environnement (en particulier, CO_2 et méthane étant les deux principaux contributeurs à l'effet de serre liés à l'énergie, les émissions de CO_2 dues à la combustion de charbon, du pétrole et du gaz, et les fuites de méthane). Les combustibles fossiles représentent aujourd'hui près de 85 % de l'énergie primaire mondiale, les énergies renouvelables (bois et hydraulique) 9 % et l'énergie nucléaire 6 %. La prédominance des énergies thermiques (fossiles, bois et nucléaire) a fait adopter la « tonne équivalent pétrole » (tep) comme unité de mesure de l'énergie[4]. Cette convention minimise la part des énergies primaires

---

4. La tep a remplacé la tec (tonne équivalent charbon) depuis que le commerce international du pétrole a largement supplanté le commerce du charbon. Une tep est égale à la chaleur de combustion d'une tonne de pétrole et vaut, par convention, 42 GJ (milliards de joules).

« mécaniques », essentiellement l'hydraulique qui ne représente que 2 % de l'énergie primaire mondiale (contre 6 % pour le nucléaire, alors que les quantités d'électricité produites sont sensiblement les mêmes).

Le second niveau est l'énergie « finale », celle qui est mise à la disposition de l'utilisateur « final », vous ou moi ; ce sera par exemple le carburant livré à la pompe ou l'électricité livrée à la prise de courant. Ce niveau est intéressant lorsque l'on s'intéresse à la consommation d'énergie. L'unité utilisée internationalement est toujours la tep, mais les électriciens ont tendance à parler en kWh, qu'il faut donc convertir en tep. Un des avantages des énergies « finales » est d'attribuer la même valeur à l'électricité quelle que soit son origine[5]. Un des inconvénients est de mettre sur le même plan des énergies qui ne sont pas au même stade de transformation : le carburant auto n'a subi que le raffinage, ce qui fait qu'avec 1 tep de pétrole on obtient 0,9 tep de carburant et les pertes correspondant au deuxième principe de Carnot se feront en aval, dans le moteur ; alors que, pour produire 1 tep électrique « finale », les pertes de Carnot sont en amont[6].

Le troisième niveau est l'énergie dite « utile », celle effectivement utilisée, par exemple sur l'arbre moteur d'un véhicule. Ce niveau n'est que rarement utilisé, car il ne concerne directement ni la production ni la consommation. Il présente cependant l'intérêt de montrer que, globalement, et pratiquement quelle que soit la façon d'y arriver, le

---

5. 1 000 kWh (ou 1 MWh) valent 3,6 GJ, soit 0,086 tep.
6. Il résulte de cela que la part de l'électricité dans l'énergie finale, au niveau mondial, n'est que de 19 %, alors qu'il a fallu consommer plus de 30 % de l'énergie primaire pour la produire. Pour la France, ces chiffres sont respectivement de 22 % et près de 40 %.

rendement pour passer des énergies thermiques aux énergies mécaniques est voisin de 1/3.

Transformation énergie primaire
– énergie électrique

La transformation des énergies primaires en énergie électrique se fait, nous l'avons vu, avec un rendement qui peut aller de moins de 25 % (turbine à gaz simple, groupe électrogène) à près de 100 % (centrale hydraulique). Dit autrement, pour produire 1 tep d'énergie électrique, il faudra à peine un peu plus de 1 tep d'énergie hydraulique, environ 1,7 tep dans une centrale à cycle combiné, plus de 2,5 tep dans une centrale moderne brûlant du charbon, 3 tep dans une centrale nucléaire et 4 tep dans un groupe électrogène. Il est donc très difficile d'établir une équivalence unique entre l'énergie primaire et l'énergie électrique, et tout scénario énergétique prospectif doit impérativement faire des hypothèses sur les modes de production d'électricité.

Curieusement, on a pu constater dans les débats sur l'énergie que certains ont cherché à jouer sur les ambiguïtés de ces équivalences pour étayer leurs arguments pour ou contre telle ou telle forme d'énergie. La forte valeur d'énergie primaire attribuée au kWh nucléaire a été tantôt critiquée comme surestimant l'intérêt du nucléaire, tantôt utilisée pour souligner le rendement médiocre des centrales. Certains ont expliqué qu'avec une autre convention, 1 tep « primaire » pour 1 tep d'électricité nucléaire, le nucléaire ne représenterait plus que 35 Mtep en France (environ 15 % de l'énergie primaire utilisée) et 0,22 Gtep au niveau mondial (2,5 % de l'énergie primaire), part minime dont on pourrait bien se passer sans aucun problème[7]. L'ennui, c'est qu'un tel argument est à double tranchant, car il se retourne contre les énergies renouvelables, qui se trouvent dans la même situation[8]. Aussi a-t-on même vu, dans un document[9] d'une association de développement des énergies renouvelables, un renversement des conventions : 0,086 tep pour 1 MWh nucléaire et 0,22 tep pour 1 MWh hydraulique ! Lorsque, au cours d'un débat auquel je participais, ces chiffres ont été présentés, j'en suis resté sans voix.

Quelques ordres de grandeur

Il est utile, quand on aborde le sujet de l'énergie, d'avoir en tête quelques ordres de grandeur des quantités à mettre en œuvre, par exemple pour produire 1 kWh d'électricité[10].

Énergies mécaniques : 10 tonnes d'eau chutant de 40 m, ou 20 000 m^3 d'air à 60 km/h.

---

7. C'est un peu le raisonnement de B. Dessus (« Énergie, les vraies priorités », *Les Quatre Saisons du jardinage*, n° 162, Édition Terre Vivante, janvier-février 2007) : rappelant que « l'électricité ne représente que 22 % de notre consommation finale », il en déduit que le nucléaire ne contribue pas de façon significative à réduire notre dépendance du pétrole. Ce n'est pas faux, mais passe sous silence que si on n'avait pas le nucléaire, il faudrait importer d'autres combustibles fossiles pour produire l'électricité, augmentant d'autant notre dépendance énergétique et nos émissions de CO_2. Et omet d'évoquer l'intérêt qu'il pourrait y avoir à ce que l'électricité assure une part croissante des besoins d'énergie pour les transports.
8. Un tel argument prête aussi un peu à sourire lorsqu'il est avancé par ceux-là mêmes qui s'insurgeaient contre le « tout nucléaire ».
9. Association savoyarde pour le développement des énergies renouvelables, *La Lettre de l'ASDER*, janvier 1999.
10. Balian, R., *Colloque de la Société française de physique*, septembre 2001 – http://www.e2phy.in2p3.fr.

Énergies électromagnétiques : chimique – 0,1 kg de carburant (charbon, pétrole ou gaz) ; biologique – un repas ; thermique – vaporisation de 1,5 kg d'eau.

Énergies nucléaires : fission de 0,1 mg d'uranium ; fusion de 5 μg d'hydrogène dans le Soleil.

En résumé, de l'ordre de 10 tonnes de matière dans le cas des énergies mécaniques, du kilo pour les énergies électromagnétiques, et d'une fraction de milligramme pour les énergies nucléaires.

Il résulte de ces ordres de grandeur de très grandes différences dans l'occupation de l'espace associée à la production en un an de 1 TWh d'électricité : moins de 0,1 km^2 pour une centrale thermique ou nucléaire, environ 15 km^2 avec des éoliennes. Pour produire 1 tep à partir de la biomasse, il faut plus d'un hectare.

Énergie et puissance

On ne peut quitter ce chapitre sur l'énergie sans rappeler la différence entre énergie et puissance. Notre facture d'électricité comporte un abonnement qui correspond à une puissance qu'EDF s'engage à mettre à notre disposition, par exemple 6 kW : celle-ci conditionne le nombre d'appareils que vous pouvez utiliser simultanément (fer électrique, réfrigérateur, machines à laver, etc.). La facture comporte également l'indication de la consommation, qui représente l'énergie que vous avez utilisée, par exemple 10 000 kWh dans l'année.

La puissance, rappelons-le, est l'énergie par seconde. Pourquoi de nombreux médias persistent à confondre kW (1 000 J par seconde) et kWh (1 kW fourni pendant 3 600 secondes) reste pour moi un mystère. Lorsqu'il s'agit de comparer entre eux des moyens de production, une telle confusion peut entraîner des incompréhensions, notamment lorsque les durées d'utilisation possibles sont très différentes ou lorsque leur fonctionnement est plus ou moins programmable. On ne peut pas comparer directement des énergies solaire (environ 1 500 heures par an sous nos latitudes), éolienne (1 500 à 3 000 heures par an), et des centrales thermiques et nucléaires dont certaines ne sont utilisées qu'en « pointe » (quelques dizaines ou centaines d'heures par an), comme les turbines à gaz, en semi-base (2 000 à 4 000 heures par an), cas du charbon en France ou en base (7 000 heures par an), cas du nucléaire.

Il est donc nécessaire, lorsque l'on parle d'une installation de production d'énergie, de donner d'une part sa capacité de puissance, d'autre part de préciser combien d'énergie elle peut fournir et à quels moments. La même chose est vraie côté consommation : la consommation électrique moyenne d'un ménage français est inférieure à 15 000 kWh, alors qu'un compteur de 6 kW permettrait trois fois plus.

Du négawatt au négatep

Le terme « négawatt » a été inventé par les partisans des économies d'énergie pour symboliser l'énergie non utilisée : « Un négawatt ne pollue pas. » Ce n'est pas une unité, même si ce terme est parfois opposé, par dérision, au mégawatt censé symboliser le gaspillage de l'électricité. Il eût mieux valu, et peut-être n'est-ce pas trop tard, parler de

« négatep » et non de négawatt et cela pour deux raisons qui se rejoignent, l'une de physique, l'autre de sémantique.

La physique voudrait que l'on cherche à économiser l'énergie. Or le watt, nous l'avons vu, est une unité de puissance, alors que la tep (la tonne équivalent pétrole) est une unité d'énergie. En utilisant un terme qui évoque une puissance pour qualifier une énergie, la sémantique joue un bien vilain tour à tous ceux qui ont déjà du mal à distinguer l'une de l'autre.

CHAPITRE 3

L'ÉLECTRICITÉ EST-ELLE LE PLUS SÛR MOYEN DE GASPILLER L'ÉNERGIE ?

Certainement pas dans l'esprit des responsables français des années 1970 qui, en réponse aux chocs pétroliers, décidaient de favoriser l'utilisation de l'électricité et, pour produire celle-ci, de développer le nucléaire.

Assurément oui, si on en croit le discours dominant et « politiquement correct » d'aujourd'hui.

Un récent *Livre vert* de la Commission européenne recommandant, à juste titre, les économies d'énergie[1], n'hésite pas à écrire, sous le sous-titre « Zoom sur le secteur de l'électricité » : « L'industrie électrique est en première ligne dans la recherche d'économies d'énergie. D'une part la consommation d'électricité augmente, d'autre

---

1. Direction générale énergie transport, « 20 % energy savings by 2020 », *Livre vert*, Commission européenne, juin 2005.

27

part plus des 2/3 de l'énergie nécessaire pour produire, transporter et distribuer l'électricité sont perdus[2]. »

En France, un peu plus tôt, la Mission interministérielle sur l'effet de serre (MIES) publiait un rapport très fouillé sur la réduction d'un facteur 4 des émissions de CO_2 en France[3], et mettait déjà l'accent sur le faible rendement (environ 33 %) de la production d'électricité d'origine thermique, notamment nucléaire. Ce rapport vante les mérites de la cogénération (électricité-chaleur) pour réduire les pertes d'énergie, mais n'évoque pas explicitement les très mauvais rendements de l'énergie utilisée dans les transports.

Regardons de plus près ce qu'il en est sur quelques exemples.

Il est incontestable que l'énergie est gaspillée quand on branche un radiateur électrique, en période de grand froid, dans un logement mal isolé... Le gaspillage est double : dans ces périodes qui correspondent souvent à des pointes de consommation, l'électricité est généralement produite dans des installations ayant un très mauvais rendement ; côté utilisation, ce n'est pas meilleur : le logement étant mal isolé, et la température extérieure étant basse, les déperditions thermiques sont importantes. Le remède est évidemment d'améliorer l'isolation des logements pour éviter d'avoir froid.

Deuxième exemple : le transport automobile. Le rendement d'un moteur thermique à essence ou au gazole est

---

2. Traduction de l'auteur.
3. Mission interministérielle sur l'effet de serre, *La Division par 4 des émissions de dioxyde de carbone en France d'ici 2050*, mars 2004.

dans la gamme 15 à 20 %, alors que, pour de très nombreux usages, l'électricité sert à faire tourner des moteurs avec un rendement de 90 % et donc une efficacité énergétique globale proche de 30 %. On voit sur cet exemple que le secteur des transports gaspille l'énergie beaucoup plus sûrement que l'électricité. On verra plus loin que c'est une des raisons qui poussent certains constructeurs automobiles à développer des voitures dites « hybrides » utilisant de façon complémentaire l'essence et l'électricité, en attendant d'hypothétiques voitures électriques qui butent encore sur l'obstacle des batteries.

Troisième exemple, le chauffage électrique. Même fait dans les règles, il est souvent contesté. Il paraît en effet paradoxal de transformer une énergie thermique en électricité pour retransformer cette électricité en chaleur (le rendement global de ces opérations étant inférieur à 1/3), alors que l'on peut brûler directement le fioul ou le gaz dans des chaudières dont le rendement peut atteindre 70 à 80 %. Les promoteurs du chauffage électrique, de leur côté, font valoir que l'économie réalisée sur l'installation du chauffage électrique permet de financer une bien meilleure isolation thermique. De fait, une étude réalisée sur plusieurs milliers de logements récents, les uns chauffés électriquement, les autres brûlant du gaz, a montré que la consommation des premiers était deux fois plus faible que la consommation des seconds, réduisant très sensiblement l'écart d'efficacité énergétique. Cet exemple illustre le fait qu'il faut éviter les comparaisons présentées « toutes choses égales par ailleurs », car il est fréquent, précisément, que les choses ne le sont pas. Dans le cas présent, il faut de toute évidence introduire les coûts de l'ensemble du système chauffage et isolation. Dans le contexte de la lutte contre l'effet de serre, il faudrait également tenir compte des bilans de CO_2 rejetés dans les différentes solutions : dans le cas de la France, près de 90 % de l'électricité étant produits sans rejets de CO_2, les rejets associés au chauffage électrique sont sensiblement plus faibles que ceux associés au chauffage au gaz et surtout au fioul[4]. La prise en compte d'un « coût » associé aux rejets de CO_2 doit normalement peser dans la balance.

En réalité, quand on compare entre elles les énergies, une grande partie des malentendus à tous les niveaux vient du fait qu'on oublie trop souvent de définir les critères d'évaluation que l'on se donne. L'expérience de mes multiples « débats » est qu'il faut en définir au moins trois : l'efficacité énergétique en est incontestablement un ; mais les effets sur l'environnement ne peuvent pas ne pas en constituer un autre (notamment les rejets de gaz à effet de serre tels que le CO_2) ; et les coûts viennent couronner le tout car ce sont eux qui, *in fine*, vont départager les diverses voies, qu'on le veuille ou non. Dans certains cas, d'autres critères viennent en complément. Dans le cas du pétrole et du gaz naturel, par exemple, on évoquera nécessairement les risques géopolitiques liés à la répartition de ces deux ressources dans des zones politiquement très sensibles (Moyen-Orient, Asie centrale) ou, ce qui revient pratiquement au même, on évoquera le taux d'indépendance énergétique.

---

4. Le calcul précis est complexe, car il faut tenir compte du moment auquel l'électricité est utilisée et des modes de production à ce moment ; l'Ademe et EDF ont mis au point une méthodologie de calcul qui, dans les conditions actuelles, associe au kWh électrique de chauffage un rejet de 50 g de carbone contenu dans le CO_2 rejeté ; valeur à comparer à environ 80 g pour un chauffage au gaz naturel et 100 g pour un chauffage au fioul.

Revenons aux deux références du début de ce chapitre.

Le rapport de la **MIES**, malgré son insistance sur la faible efficacité énergétique de l'électricité et bien qu'il ne parle pas explicitement des coûts, conclut à une forte augmentation de la part de l'électricité dans les décennies à venir ; les nouveaux usages l'emporteraient sur les économies, probablement parce que, implicitement, on a admis que les prix du pétrole et du gaz allaient augmenter et que viendrait s'y ajouter une taxe sur le CO_2 rejeté. Le rapport met l'accent, ce qui est normal, sur la nécessité de produire cette électricité avec le minimum de rejets de CO_2, ce qui l'amène à envisager d'utiliser le charbon en séquestrant le CO_2 produit, le nucléaire et les énergies renouvelables. Il exclut le gaz naturel, réservé à d'autres usages.

Le *Livre vert* de la Commission européenne, à côté de recommandations fort judicieuses pour éviter le gaspillage de l'énergie, tombe dans le travers dénoncé ici. Ne prenant en considération qu'un seul critère, l'efficacité énergétique, il tend à minimiser les possibilités offertes par l'électricité, et il préconise le développement massif du gaz naturel...

Tout compte fait, l'électricité est un moyen assez efficace d'utiliser l'énergie, susceptible de nombreux développements et capable de contribuer fortement à la diminution des rejets de gaz à effet de serre. À condition d'être utilisée intelligemment !

CHAPITRE 4

L'ÉLECTRICITÉ PEUT-ELLE CONTRIBUER À « SAUVER LE CLIMAT » ?

Variante plus insidieuse de la question précédente, cette question est apparue assez récemment, sous une forme très proche, dans certains discours.

On peut lire par exemple dans le très sérieux rapport du groupe de travail « facteur 4 » présidé par Henri de Boissieu[1] : « L'énergie nucléaire représente en Europe 6 % de l'énergie finale, 2 %[2] dans le monde et 17 % de l'énergie finale en France. Au vu de ces pourcentages, il n'apparaît pas justifié, pour bâtir une stratégie climat, de centrer le débat sur l'énergie nucléaire. » Certes, il s'agit là de l'énergie nucléaire et non de l'électricité, mais l'argument est clair : une énergie qui représente moins de 20 % de l'énergie

____

1. Ministère de l'Écologie et du Développement durable et ministère de l'Industrie, GT Facteur 4, projet de rapport (27 juin 2006).
2. En fait, c'est un peu plus de 3 %, mais cette erreur ne change pas le raisonnement.

finale ne peut jouer que de façon marginale dans la lutte contre le changement climatique. Or, en France, électricité et nucléaire se confondent presque ; en Europe et dans le monde, l'électricité fait moins de 20 % de l'énergie finale. Pour bâtir une stratégie climat, pourquoi diable, alors, centrer le débat sur l'électricité, que ce soit dans le monde, en Europe ou même en France ?

Notons au passage que c'est malgré tout ce qui se passe le plus souvent en pratique : le symbole des économies d'énergie n'est-il pas le « négawatt » qui fait irrésistiblement penser à kW ou à mégawatt, termes utilisés plus fréquemment pour désigner l'électricité que le pétrole ; et le porte-drapeau des énergies renouvelables n'est-il pas l'électricité éolienne, alors que la biomasse ou le solaire chaleur, qui ont des potentiels en termes de réduction d'émissions de CO_2 pourtant considérablement plus élevés, sont très rarement cités dans les discours et sont beaucoup moins aidés que l'éolien ?

Mais ce qui ressort en premier de ce discours sur l'électricité est l'extraordinaire hommage qui lui est rendu. Pensez donc... L'électricité rend des services considérables dans tous les domaines de la vie et de la société. Le symbole de la pauvreté des peuples du tiers monde n'est-il pas le non-accès à l'électricité (on déplore inlassablement, sans faire grand-chose pour y remédier, que 2 milliards d'hommes n'ont pas accès à l'électricité) ? La vie de nos sociétés riches n'est-elle pas paralysée en cas de coupure accidentelle de courant ? Et, en période de canicule ou de grand froid, n'est-ce pas à l'électricité que l'on fait appel pour suppléer aux carences des autres énergies ? Ainsi, la « fée électricité » rendrait tous ces services avec moins de 20 % de l'énergie finale : est-ce vraiment possible ? Et ne faudrait-il pas alors développer encore ses usages ?

À la première question, la réponse est bien « oui » et s'explique facilement. En effet, l'énergie dite finale met sur un pied d'égalité un kWh électrique qui sera souvent utilisé avec un rendement proche de 100 % et un kWh contenu dans du carburant automobile qui ne sera utilisé dans un moteur thermique qu'avec un rendement 4 ou 5 fois plus faible. Certes, l'électricité n'est pas toujours utilisée avec un bon rendement et il faut éviter, par exemple, de s'en servir pour chauffer un logement mal isolé ; mais, globalement, avec ses pauvres 20 % de l'énergie finale, l'électricité « vaut » entre 30 et 40 % de l'énergie dite « utile ».

La réponse à la seconde question est plus complexe et nécessite de plus longs développements. Nous y reviendrons plus loin.

La conclusion citée plus haut du groupe « facteur 4 », directement inspirée, probablement pour d'autres raisons[3], de l'argumentaire des organisations hostiles au nucléaire (et à l'hydraulique), illustre l'art de raisonner faux sur des données exactes[4]. En effet, les ordres de grandeur des énergies finales cités dans le rapport sont justes, mais l'erreur est de se référer à l'énergie finale quand on s'intéresse à la protection du climat. Ce qui compte pour le climat, ce sont les quantités de gaz à effet de serre émises pour produire cette électricité. Ce sont donc les énergies

---

3. Contrairement à de nombreux travaux antérieurs, ce rapport a voulu, à juste titre, s'attaquer en priorité aux problématiques des utilisations de la chaleur et à celles des transports, secteurs dans lesquels l'électricité joue encore un rôle modeste.
4. De quoi se faire retourner dans sa tombe mon professeur de mathématiques en terminale qui insistait constamment pour que nous apprenions à raisonner juste sur des figures fausses !

primaires (charbon, pétrole, gaz, hydraulique et autres renouvelables, nucléaire) qui doivent être comptabilisées, car ce sont ces énergies primaires qui enverront plus ou moins de gaz à effet de serre dans l'atmosphère. En fait, les émissions de gaz à effet de serre dues à la production mondiale d'électricité représentent environ 1/3 du total des émissions dues à l'énergie, pourcentage qui approcherait de 40 % en l'absence de nucléaire et d'hydraulique. Toute « stratégie climat » doit donc se préoccuper des moyens utilisés pour produire l'électricité, au même titre que des énergies utilisées pour les besoins de chaleur et de transport.

Un des moyens de protéger le climat est bien d'augmenter la part de l'électricité dans la consommation d'énergie, et d'augmenter la fraction de cette électricité produite sans dégager de gaz à effet de serre. Ce sont les voies adoptées, en Europe, par la Suède, la Suisse et la France et qui leur ont permis, dans le domaine de l'énergie, de rejeter 25 à 50 % moins de CO_2 dans l'atmosphère que la moyenne européenne. C'est exactement le contraire de la conclusion du groupe « facteur 4 » et de la position de la grande majorité des écologistes qui ne semble pas avoir encore mis la protection du climat au centre de ses préoccupations.

CHAPITRE 5

SOURCE OU ANTISOURCE D'ÉNERGIE ?
LA LÉGENDE DE L'HYDROGÈNE

Une des questions qui reviennent le plus souvent dans les débats sur les énergies est la suivante : quand est-ce que l'hydrogène viendra résoudre tous nos problèmes, à la fois d'énergie et d'environnement ?

Peut-on s'en étonner ?

Tel homme politique n'hésite pas à s'affirmer « Monsieur Hydrogène », espérant ainsi se redonner des couleurs vertes. Un grand journal du soir n'a pas hésité à ouvrir sa première page à Rifkins, économiste américain qui annonce la civilisation de l'hydrogène[1]. General Motors, au même moment, lance une grande campagne de publicité sur son projet de « voiture propre » marchant à l'hydrogène. Edgar Morin, dans un des rapports du « Comité des Sages » sur le débat national sur les énergies attend « la soudure avec

____

[1]. Rifkins, J., *L'Économie hydrogène,* La Découverte, 2002.

la fusion et éventuellement l'hydrogène » pour faire face aux besoins énergétiques futurs et assurer la protection de l'environnement ; ce qui est un bel exemple de foi dans la science et la technologie, mais en même temps un pari ô combien risqué.

Avec toutes ces références *a priori* sérieuses, le citoyen conscient des problèmes d'énergie et d'environnement mais ayant oublié un peu de la chimie qu'il a apprise au lycée est bien fondé à croire que l'hydrogène est une source d'énergie ! D'autant qu'il a pu entendre ici ou là que 98 % de la matière dont est composé l'Univers sont de l'hydrogène, ce qui est rigoureusement vrai.

Malheureusement, l'hydrogène présent sur Terre est chimiquement lié, soit à l'oxygène de l'eau, soit au carbone dans les hydrocarbures, soit à d'autres atomes (azote, composés divers). Pour le séparer, il faut *fournir* de l'énergie.

Les procédés les plus courants aujourd'hui pour produire de l'hydrogène partent de produits carbonés, par exemple le gaz naturel. Ils présentent cependant deux inconvénients majeurs dans une perspective d'utilisation massive d'hydrogène : tant que le gaz naturel est abondant, il est nettement plus facile de s'en servir directement, sans passer par l'hydrogène ; et lorsqu'il deviendra rare, il ne sera pas disponible. En outre, la production d'hydrogène à partir de produits carbonés émet en même temps de grandes quantités de gaz carbonique, gaz à effet de serre.

Un autre procédé consiste à utiliser de l'électricité pour faire une électrolyse de l'eau. Mais ce procédé est peu efficace, et il faut dépenser près de 5 joules pour produire une quantité d'hydrogène capable de fournir 1 joule d'énergie thermique. L'hydrogène ainsi produit peut être utilisé par exemple dans une pile à combustible (en utilisant une réaction inverse de l'électrolyse) pour entraîner un moteur électrique de voiture, avec un rendement de 50 % : autrement dit, on obtient à l'arrivée 0,5 joule d'énergie mécanique pour 5 joules d'énergie initiale, soit un rendement global de 10 %.

Ce rendement très médiocre, environ deux fois plus faible que celui d'un moteur diesel, a deux conséquences immédiates : il faudrait que l'énergie primaire initiale soit très bon marché pour que le moteur à hydrogène soit abordable, et il faudrait impérativement qu'elle ne rejette pas de gaz à effet de serre pour que la voie hydrogène puisse être considérée comme « propre ».

À moins que l'on découvre de nouveaux procédés pour extraire l'hydrogène. Certains procédés sont connus mais exigent des températures très élevées (900 à 1 000 °C) et des procédés chimiques complexes. D'autres, reposant sur la biochimie, verront peut-être le jour tôt ou tard. Mais aucun pronostic n'est possible aujourd'hui, ni sur le coût de l'hydrogène produit ni même sur la faisabilité.

Faut-il pour autant abandonner l'idée d'utiliser l'hydrogène ? Certainement pas. Mais il faut l'utiliser pour ce qu'il est, non pas une *source* d'énergie mais comme un moyen de transporter l'énergie, d'être un *vecteur* d'énergie, qui peut (tout comme l'électricité), en théorie tout au moins, être produit à l'aide de la plupart des énergies primaires et être utilisé de multiples façons.

Une voiture brûlant de l'hydrogène ne produit localement aucune pollution. Elle est comparable en cela à une voiture électrique utilisant une batterie, avec peut-être une plus grande autonomie. On voit bien que, pour comparer ces deux voies, moteur à hydrogène (thermique ou pile à combustible) et moteur entraîné par batterie, il est indispensable de faire une analyse complète du système depuis l'énergie primaire initiale jusqu'à l'arbre moteur du véhicule. Cette « analyse du cycle de vie » doit porter sur les différents facteurs importants dans les choix finaux : les rendements énergétiques, les problèmes environnementaux (notamment les rejets de gaz à effet de serre, mais aussi l'emploi de matériaux éventuellement toxiques tels que le plomb ou les métaux lourds) et les coûts, y compris les coûts environnementaux.

Une autre utilisation de l'hydrogène pour les transports, moins révolutionnaire, moins « propre » mais peut-être plus réaliste, consisterait à s'en servir pour fabriquer des combustibles liquides de synthèse. Procédés moins révolutionnaires car on les connaît déjà. Voie moins propre, car l'hydrogène serait toujours associé à du carbone, et son utilisation s'accompagnerait de rejets de gaz carbonique[2]. Mais plus réaliste, car cette voie n'exigerait pas de modification sensible du parc automobile ni de l'ensemble des infrastructures de transport et distribution des carburants.

D'autres utilisations de l'hydrogène ont été imaginées, par exemple dans des installations fixes de piles à combustible dans lesquelles la chaleur perdue (environ 50 %) serait utilisée pour le chauffage. De telles installations seraient en compétition avec des installations utilisant

---

2. On notera que si le carbone nécessaire à cette synthèse provenait de la biomasse, et était donc prélevé sur le CO_2 de l'atmosphère, la combustion du carburant de synthèse ne ferait que le restituer à l'atmosphère. Pour que cette solution soit « propre » vis-à-vis de l'effet de serre, il faut en outre que l'énergie nécessaire au procédé soit elle-même exempte de CO_2.

directement le gaz naturel (par exemple des microturbines à gaz dont on récupérerait aussi la chaleur perdue, ou des piles à combustible utilisant directement le gaz naturel), voire avec des installations tout électriques.

En résumé, l'hydrogène *source* d'énergie ? Certainement pas : l'hydrogène serait plutôt une *antisource* d'énergie. Mais l'hydrogène peut-être *vecteur* d'énergie, comme l'électricité. L'hydrogène devra, pour jouer pleinement un rôle de vecteur, se mesurer à chaque fois avec ses concurrents : le concurrent direct électrique, mais aussi le gaz naturel qui, lui, est à la fois une source d'énergie et un vecteur. En tout état de cause, des progrès très importants, voire des percées technologiques, seront nécessaires pour que l'hydrogène ait quelque chance de jouer un rôle important. N'en déplaise à ses thuriféraires, que l'on rencontre chose curieuse, aussi bien chez les antinucléaires que chez les pronucléaires. Les premiers parce que l'hydrogène est présenté comme une *énergie* d'avenir propre et non comme un *vecteur*, les seconds parce qu'ils pensent que seuls les réacteurs à haute température seront capables d'être la *source* d'énergie, exempte de gaz à effet de serre, nécessaire pour produire l'hydrogène. En outre, les réacteurs à fusion nucléaire sont souvent présentés comme la reproduction sur Terre des réactions nucléaires de fusion d'atomes d'hydrogène, à l'origine de l'énergie solaire. De quoi renforcer la légende de l'hydrogène, *source inépuisable* d'énergie.

CHAPITRE 6

LES ÉCONOMIES D'ÉNERGIE PEUVENT-ELLES TOUT FAIRE ?

Les économies d'énergie sont un leitmotiv de tout débat sur l'énergie. Sont-elles nécessaires ? Sont-elles possibles ? Qui doit en faire ? Quels peuvent être leurs rôles ? Autant de questions posées. Autant de réponses divergentes apportées. Le premier réflexe, en France, est de blâmer les Américains, gaspilleurs d'énergie notoires, et bien entendu leur Président actuel, parfaite tête de turc. Mais ne faut-il pas y regarder d'un peu plus près ?

Haro sur George W.

Le président américain George W. Bush a refusé de faire ratifier le Protocole de Kyoto par le Sénat, invoquant l'atteinte insupportable que le protocole ferait subir au niveau de vie des Américains. Il est assez vraisemblable, d'ailleurs, que le Sénat n'aurait jamais accepté de ratifier le Protocole de Kyoto[1], même si le Président le lui avait soumis. Je reviendrai plus loin sur ce point.

Le Président a rappelé, en même temps, que son pays était opposé aux contraintes imposées par un traité international et préférait les engagements volontaires de chaque pays. Les Européens, unanimes, ont crié haro sur Bush, sur l'unilatéralisme américain, et sur les habitudes bien connues de gaspillage de nos amis d'outre-Atlantique. À juste titre.

Mais la réprobation ne doit pas empêcher d'une part d'essayer de comprendre la position américaine (ne serait-ce que pour mieux la combattre), d'autre part de regarder si nous, Européens, sommes tellement plus vertueux.

Les perspectives de la demande américaine d'énergie

Le produit intérieur brut américain augmente de 3 à 4 % par an, et toute l'économie mondiale en tire bénéfice. Comme dans tous les pays occidentaux, une telle croissance s'accompagne d'une augmentation de la consommation d'énergie de 1,5 à 2 % par an (le rapport entre les taux d'augmentation de l'énergie consommée et du produit intérieur était le double avant les chocs pétroliers et la révolution informatique). Le Rapport Cheney de mai

---

1. On peut rappeler que le Sénat américain, à l'unanimité, avait subordonné la signature du Protocole de Kyoto par le président Clinton à des « engagements significatifs » de limitation des rejets de gaz à effet de serre par les pays en développement.

2001 part de ce premier constat. Fort de la crise énergétique californienne de 2000-2001, il met en garde contre un déséquilibre entre l'offre et la demande d'énergie.

Depuis les chocs pétroliers des années 1970, la diminution de l'intensité énergétique[2] s'est faite par des actions volontaires des acteurs économiques sous la pression des prix de l'énergie et grâce aux progrès technologiques, sans grande intervention des pouvoirs publics. Pour ne prendre qu'un exemple : la consommation des voitures aux États-Unis a baissé de presque moitié entre 1970 et 2000 du fait de l'emploi de matériaux plus légers et de la régulation électronique des moteurs. Le Rapport Cheney compte explicitement sur la poursuite des progrès technologiques pour limiter la hausse de la consommation.

Mais, simultanément, il considère que la hausse de la consommation est le fruit de la conjonction de trois facteurs : la croissance de l'économie[3], l'augmentation de la population et l'amélioration du niveau de vie. Il affirme avec force qu'il n'est pas question de prendre des engagements qui pourraient remettre en cause l'un ou l'autre de ces facteurs.

Un des problèmes qui se posent aux États-Unis, comme en Europe, est de savoir à qui profitent les progrès technologiques. La consommation d'une voiture « compact » américaine est tombée de 17 à 8 litres aux 100 kilomètres, mais, parallèlement, les SUV[4] ont bien souvent remplacé les « compact » et consomment 12 à 13 litres. Le phénomène

---

2. On appelle ainsi le ratio de l'énergie consommée à l'unité de richesse.
3. On notera que les Européens comptent eux-mêmes sur cette croissance pour entraîner une baisse du chômage.
4. Sport Utility Vehicle, ou 4×4.

est le même en Europe avec les 4×4 ou, plus prosaïquement, la C2 remplaçant la 2CV comme voiture d'entrée de gamme.

Les moyens d'action vus par un Américain

La question posée par la décision de Bush est de trouver le moyen de concilier l'intérêt individuel (plus de confort) avec l'intérêt collectif (moins d'émissions de CO_2 et autres gaz à effet de serre) : augmenter le prix de l'énergie (taxation ou permis d'émission), imposer de nouvelles normes plus draconiennes en matière de consommation d'énergie (isolation des logements), inciter aux économies (crédits d'impôts, subventions), limiter la puissance des véhicules, etc.

Le président américain est hostile à toute mesure contraignante et mise, apparemment, sur des mesures volontaires rendues possibles par les progrès technologiques. Par exemple, l'engagement des constructeurs automobiles de réduire de 25 % la consommation des SUV d'ici 2005[5].

Et pourtant, les citoyens américains sont particulièrement sensibles à la protection de l'environnement. Les mouvements de protection de la nature se battent depuis des années contre l'exploitation des gisements de pétrole et de gaz dans le nord de l'Alaska, et le Sénat a refusé à plusieurs reprises d'autoriser cette exploitation dans le parc naturel qui y a été créé. Les débats provoqués par les pluies acides dans le nord-est des États-Unis dans les années 1970 ont conduit au vote du *Clean Air Act* 10 ans

---

5. Engagement qui n'a pas été respecté à ce jour.

avant la loi sur l'air française de 1995, et les résultats obtenus sont remarquables : les rejets d'oxydes de soufre et d'azote ont été réduits d'un facteur important dans les grandes installations de production d'électricité, et les émissions des voitures ont atteint dès 1995 les taux imposés pour 2005 par les directives européennes.

D'où vient alors ce refus américain d'imposer des réductions, même minimes, des émissions de gaz carbonique ?

Le président américain explique que les scientifiques ne sont pas tous convaincus de l'existence du risque. De fait, quelques scientifiques américains ont fait paraître des articles mettant en doute le caractère anthropique du réchauffement climatique observé. La publicité donnée à leurs travaux, qui vont à l'encontre de ceux d'une immense majorité de scientifiques[6], est peut-être due à ce qu'ils sont soutenus à la fois par les lobbies charbonnier et pétrolier et par le lobby antinucléaire. Ce dernier redoute en effet que la question climatique ne relance le nucléaire. Il se trouve paradoxalement allié objectif des charbonniers et pétroliers. Quant au gros des citoyens et à leurs élus, s'agissant d'un problème sans répercussion observable à court terme, ils ne sont pas convaincus, au plus profond d'eux-mêmes, qu'il serait urgent d'agir.

Gageons que le jour où ils seront convaincus, ils prendront le problème à bras-le-corps, à l'américaine, comme ils l'ont fait pour les émissions responsables des pluies acides.

À ce manque de conviction se superpose une particularité du système politique américain. Chacun des cinquante États qui composent les États-Unis est extrêmement jaloux

---

6. Mais on peut avoir raison seul contre tous !

de ses prérogatives et n'accepte que très difficilement l'intervention de l'État fédéral. La Constitution américaine a veillé à ce que les droits des États soient protégés, notamment en donnant au Sénat (où chaque État, du plus petit au plus grand, dispose de deux sièges) la primauté sur la Chambre des Représentants. C'est le Sénat qui ratifie les traités internationaux. Déjà peu enclins à laisser le gouvernement fédéral leur imposer des contraintes, les sénateurs le sont encore moins à accepter des obligations de caractère supranational. Là encore, ils n'accepteront des contraintes de réduction des émissions de CO_2 que lorsque leurs électeurs seront convaincus d'une part qu'il y a un vrai problème, et d'autre part que sa solution ne peut être que mondiale.

La paille et la poutre

Pouvons-nous vraiment, nous autres Européens, donner des leçons aux Américains ?

Certes, un Européen consomme en moyenne deux fois moins d'énergie par habitant qu'un Américain. La politique européenne d'imposer de fortes taxes sur les carburants automobiles a notamment conduit les Européens à privilégier des voitures à faible consommation.

Mais on ne peut écarter d'un revers de main les conditions très différentes qui existent en Europe et aux États-Unis. Tout d'abord les distances, qui amènent les Américains à faire plus de kilomètres que les Européens. Le climat, également, continental là-bas, océanique ici, qui pousse la consommation domestique tant en hiver pour le chauffage qu'en été pour la climatisation (y compris pour les voitures). Lorsque certains de ces facteurs se retrouvent en Europe, la consommation d'énergie y est plus élevée que la moyenne (1,5 fois plus en Europe du Nord). En Europe du Sud, la climatisation est certes encore peu développée, mais moins par souci d'économie d'énergie que par manque de moyens.

Les Américains ont beaucoup gaspillé, sans précautions, pendant la plus grande moitié du XXe siècle. Mais les problèmes environnementaux d'une part, la crise de l'énergie des années 1970 d'autre part les ont conduits à faire des efforts considérables vers une utilisation plus rationnelle (et plus propre) de l'énergie[7]. L'intensité énergétique est pratiquement la même aujourd'hui en Europe et aux États-Unis. C'est la richesse par habitant qui est plus grande (en moyenne[8]) aux États-Unis. C'est elle que le président américain ne veut pas mettre en péril.

Les Européens affichent leur détermination à respecter le Protocole de Kyoto et à réduire leurs émissions de gaz à effet de serre de 8 % par rapport à 1990 d'ici 2010. Prennent-ils vraiment les moyens d'y arriver, alors que les émissions en 2000 dépassaient celles de 1990 de plus de 5 % ?

Dans le secteur électrique, il y a peu de marges de manœuvre. La plupart des pays européens disposent d'assez de moyens de production pour faire face aux besoins et construisent très peu de nouvelles installations.

---

7. Cela a commencé sous Carter, mais s'est poursuivi sous les administrations républicaines des années 1980.
8. La question de l'inégalité de cette répartition est un autre problème, même s'il rejoint la question évoquée ici : pour les uns, l'accroissement global de la richesse sera bénéfique y compris pour les plus démunis, pour les autres, il faut répartir la richesse entre tous.

La Commission européenne a affiché une politique très volontariste de faire passer de 15 à 21 % la part des énergies renouvelables dans la production d'électricité (essentiellement de l'éolien et du petit hydraulique), mais les 6 % supplémentaires remplaceront en partie de l'électricité nucléaire qui ne rejette pas de gaz à effet de serre (celle-ci représente 1/3 de la production européenne) et le bénéfice en termes de réduction des émissions de gaz carbonique ne sera que de 4 % des émissions du secteur électrique[9]. Au total, la contribution du secteur électrique à la réduction des émissions serait comprise entre 1 et 2 %. À condition que l'objectif fixé par la Commission soit atteint, en dépit de son coût extrêmement élevé (le Rapport Birraux[10] l'évalue à près de 20 milliards d'euros pour la France).

Le secteur des transports aura encore plus de mal à réduire ses émissions de gaz carbonique. Celles-ci augmentent régulièrement depuis 10 ans. Du fait de cette augmentation, les émissions totales européennes (et françaises) sont aujourd'hui supérieures à leur niveau de 1990. Donc très loin des objectifs de Kyoto. Lorsque le gouvernement Jospin a défini son programme énergétique en février 2000, dans le meilleur des cas il devait permettre d'arrêter la dégradation, en aucun cas d'inverser la pente. Les incantations en faveur du ferroutage ne sont

---

9. Le cas de la France est encore plus marqué, puisque plus de 90 % de l'électricité sont produits sans émission de gaz à effet de serre par le nucléaire et l'hydraulique. La probabilité est faible que les nouvelles énergies renouvelables fournissent de l'électricité précisément aux heures de pointe où elles pourraient remplacer du charbon. En pratique, elles ne réduiront que de façon tout à fait symbolique les émissions de gaz à effet de serre.
10. Birraux, B., Le Déaut, J.-Y., *Énergies renouvelables : pour un développement ambitieux et pragmatique*, rapport de l'OPECST, n° 3415, 2001.

pratiquement pas suivies d'effet, pour toutes sortes de raisons qu'il serait trop long d'analyser ici. Mais sait-on par exemple qu'aux États-Unis les trains de fret ont priorité sur les trains de voyageurs ? Mesure impensable au pays du TGV ! Quant à la taxation du gazole, elle ne sera efficace que si les poids lourds n'en sont pas exonérés.

Plus globalement, les Européens sont-ils plus enclins que les Américains à réduire la croissance de l'économie ? Les Américains veulent maintenir un taux de chômage faible, et expliquent que l'accroissement de la richesse est nécessaire car il profite aussi aux plus défavorisés. Les Européens expliquent que le seul moyen de réduire le taux élevé de chômage est de maintenir un taux de croissance de 3 % par an. Ce qui, avec l'intensité énergétique actuelle, correspond à une augmentation de la consommation d'énergie de 10 à 15 % d'ici 2010.

En bref, les Européens sont mal partis pour faire beaucoup mieux que les Américains. Les actes ne sont pas en phase avec les discours « écologistes » des responsables politiques.

Quelle pourra être la place des économies d'énergie ?

Faut-il, au vu de ces sombres analyses, tirer une croix sur les économies d'énergie ? Certainement pas, mais il faut essayer d'être réaliste. Certains, comme B. Dessus, affirment que l'utilisation systématique des meilleures technologies disponibles, couplée à un comportement exemplaire de chaque citoyen et de chaque acteur économique permettrait de limiter la croissance de la consommation mondiale d'énergie à 0,5 % par an. Peut-on vraiment espérer atteindre cela sans entrer dans une véritable économie de guerre, rationnant en quelque sorte l'énergie ? Je ne le crois pas. De façon probablement plus réaliste, d'autres études prospectives, notamment du Conseil mondial de l'énergie, permettent de penser que des efforts importants mais plus supportables permettraient de limiter la croissance des besoins mondiaux d'énergie à 1 % par an au lieu de la tendance naturelle qui serait plutôt de 2 %.

En France, un effort sérieux d'économie d'énergie a été fait à la suite des chocs pétroliers des années 1970, mais cet effort a été contrarié par une amélioration notable des conditions d'habitat (superficie, température de confort) et par une tendance à augmenter l'embonpoint et la puissance des voitures. Il semble cependant qu'il existe des « gisements » importants d'économies d'énergie dans l'habitat ancien (meilleure isolation thermique). Des progrès notables peuvent encore être faits dans la consommation des véhicules (les voitures hybrides réduisent la consommation de 25 à 30 %), mais encore faudrait-il que cette économie ne soit pas utilisée pour augmenter le confort, la vitesse ou la sécurité. Globalement, une réduction de la consommation d'énergie comprise entre 10 et 20 % dans les quelques décennies à venir n'est pas utopique, à condition d'en avoir la volonté politique, de s'en donner les moyens financiers et de convaincre les citoyens de la nécessité de le faire.

En bref, des économies d'énergie sont nécessaires, elles sont possibles dans certaines proportions et doivent contribuer aux multiples défis que pose l'alimentation en énergie, mais il ne faut pas céder au mirage et tout attendre d'une meilleure maîtrise de la demande.

CHAPITRE 7

LES LAMPES À BASSE CONSOMMATION PERMETTENT-ELLES DE PROTÉGER LE CLIMAT ?

Les lampes à basse consommation sont devenues en quelque sorte et depuis peu le symbole même de la maîtrise de l'énergie. Elles sont au cœur des campagnes d'EDF en faveur des économies d'électricité et leurs mérites sont vantés par les plus grandes enseignes commerciales. Mais contribuent-elles à protéger le climat ? C'est selon.

Qui n'a pas souffert de la chaleur dans un centre commercial ou une grande surface ? Personnellement, j'enrage à l'idée que l'on éclaire *a giorno*, que l'on consomme alors beaucoup de kWh, et qu'il faut en consommer encore plus pour climatiser, souvent pour un piètre résultat. Alors oui, dans ces grandes surfaces, il faut impérativement se tourner vers les lampes à basse consommation. C'est un choix gagnant-gagnant-gagnant : pour le commerçant qui réduira doublement sa facture d'électricité, pour ses clients, qui souffriront moins de la chaleur et pour l'environnement.

Qu'en est-il chez soi ?

Je me chauffe au gaz. Pour m'éclairer, je consomme environ 1 000 kWh dans l'année, les 3/4 entre le 1er octobre et le 31 mars (l'hiver), le 1/4 restant entre le 1er avril et le 30 septembre (l'été). En été, tout kWh économisé sur l'éclairage est un gain net sur ma consommation d'énergie. Mais, en hiver, l'énergie dépensée en éclairage contribue à chauffer mon logement. Autrement dit, chaque fois que j'économise 1 kWh sur l'éclairage, je devrai compenser en brûlant 1 kWh de gaz (en fait 1,25 kWh, car le rendement de ma chaudière ne dépasse pas 80 %). En remplaçant tout mon éclairage par un éclairage basse consommation, je réduirai donc ma consommation d'électricité de 900 kWh environ (225 kWh en « été » et 675 kWh en « hiver »), mais au prix d'une augmentation de ma consommation de gaz de près de 850 kWh. Financièrement, ce peut être une bonne opération[1], mais certainement pas en termes de rejets de CO_2 qui, eux, auront augmenté.

Si mon chauffage avait été électrique, le bilan aurait été nul en hiver, tout kWh non consommé pour l'éclairage étant compensé par 1 kWh de chauffage, le seul gain étant en été. Le gain sur le CO_2 est alors faible, dans la mesure où une fraction importante de l'électricité est nucléaire ou renouvelable, mais il y a un gain.

---

1. Le prix proportionnel de l'électricité est de l'ordre de 10,5 € et celui du gaz de 4,5 € pour 100 kWh ; en hiver, pour 100 kWh électriques économisés m'obligeant à consommer 125 kWh supplémentaires de gaz (5,5 €), j'économiserai donc 5 € et, en été, 10,5 €. Mais, les 125 kWh de gaz rejettent 7 kg de carbone contenu dans le CO_2.

En revanche, dans le cas d'un chauffage au bois, ou par une autre énergie renouvelable (solaire ou géothermie), le bilan est favorable hiver comme été. Il reste faible cependant dans notre pays pour la même raison que précédemment.

En résumé, les lampes à basse consommation doivent être fortement recommandées dans les grandes installations commerciales, et peuvent être intéressantes dans les 10 % de logements qui utilisent des énergies renouvelables pour se chauffer. Mais pour les 90 autres pour-cent, la publicité qui est faite pour ces lampes (y compris par EDF) peut se justifier comme symbole des économies d'énergie, mais pas vraiment comme moyen de préserver le climat.

CHAPITRE 8

ET LE VENT ?

Lorsqu'on aborde le chapitre des énergies renouvelables, la première question porte toujours sur l'énergie éolienne. La France, on le sait, « est très en retard », avec, fin 2005, 750 MW là où l'Allemagne en a 18 000, le Danemark 3 000 et l'Espagne plus de 10 000. Honte sur nous, ne cessent de répéter les partisans de cette forme d'énergie. Au point de culpabiliser le citoyen normal, les grands industriels du secteur de l'énergie qui en verdissent de honte, et même les pouvoirs publics qui se laissent traîner sur le banc d'infamie européen en oubliant que la France est un des pays d'Europe qui « produit » le plus d'énergie renouvelable, grâce à l'hydraulique et au bois. À tel point que les industriels rivalisent de projets de « fermes éoliennes » (joli terme, qui fait très « nature »), et que les pouvoirs publics lancent de vastes programmes pour les encourager dans cette voie. Nous commencerons donc ce chapitre par une analyse détaillée des possibilités de cette énergie, et n'évoquerons que très rapidement les autres énergies renouvelables.

Qu'est-ce que l'énergie éolienne ?

Cela fait longtemps que nos ancêtres ont commencé à domestiquer l'énergie du vent pour disposer d'une énergie mécanique directement utilisable. Des moulins à vent ont été installés partout où il était impossible de construire des moulins à eau, beaucoup plus performants, et où il y avait suffisamment de vent. Ces moulins étaient capables de fournir une puissance de quelques centaines de watts à quelques kilowatts. Ils nécessitaient une vigilance de tous les instants pour faire face aux caprices du vent. Le grand risque était que le moulin n'aille trop vite, provoquant un échauffement des axes – généralement en bois – et un incendie (« Meunier, tu dors, ton moulin va trop vite… », dit la chanson).

Depuis les années 1970 et les crises pétrolières, l'énergie du vent a suscité un nouvel intérêt. Aux États-Unis d'abord, puis en Europe de l'Ouest et en Chine. Les puissances unitaires des machines, de l'ordre de 100 kW au début, atteignent maintenant 3 000 à 5 000 kW ; ces dernières machines ont des pales de plus de 60 m de long, fixées au sommet de pylônes qui atteignent 120 m !

La puissance d'une éolienne varie comme le cube de la vitesse du vent. Autrement dit, une éolienne qui fournit 1 000 kW pour un vent de 15 m/s (50 km/h) n'en fournit plus que 35 pour un vent de 5 m/s. En pratique, les éoliennes restent à l'arrêt si la vitesse du vent est inférieure à 5 m/s. Pour un vent compris entre 15 et 20 ou 25 m/s, la puissance est écrêtée et, pour un vent plus fort, elles doivent être mises à l'arrêt. Il résulte de ces deux contraintes que les bons sites sont ceux qui bénéficient d'un vent régulier et suffisamment fort, en particulier les bords de mer et régions d'alizés. En France, les premiers sites équipés ont été aux Antilles, puis dans le Pas-de-Calais et l'Aude, et il y a de nombreux projets un peu partout, notamment en Bretagne.

Pour ou contre ?

Les partisans de l'énergie du vent mettent en avant quatre atouts majeurs : elle est renouvelable, elle peut être développée de façon décentralisée, elle est propre, et elle fait appel à des technologies modernes mais ne nécessitant pas de programmes préalables de recherche fondamentale. Elle met en effet en œuvre des technologies développées par ailleurs (dynamique et mécanique des fluides, électrotechnique) et il n'y a aucun obstacle d'ordre technologique à son développement. C'est grâce à cela qu'en l'espace de moins de 10 ans, la puissance des machines a pu passer de quelques centaines de watts à 5 000 kW. Seul l'argument de la décentralisation est discutable, on le verra plus loin.

Les sceptiques montrent du doigt le principal inconvénient de cette énergie : précisément… d'être soumise aux caprices des vents. En l'absence de vent, ou par vent trop faible (ou trop fort), l'éolienne ne fournit pas d'énergie. On a pu le constater à de multiples reprises, notamment pendant les périodes anticycloniques à l'origine de grands froids en hiver et de canicules en été. C'est ainsi que, pendant la canicule de l'été 2003, les éoliennes étaient aux abonnés absents dans toute l'Europe, et qu'il a fallu faire appel aux centrales thermiques qui, elles-mêmes, rencontraient quelques difficultés côté source froide (l'eau des rivières ayant atteint des températures proches des valeurs maximales autorisées).

Une conséquence de cette situation est que le responsable du réseau électrique ne peut pas compter sur l'électricité produite par les éoliennes et doit disposer de moyens de production disponibles en permanence et fiables, par exemple des turbines à gaz ou des groupes électrogènes. L'électricité éolienne permettra seulement de ne pas les utiliser lorsqu'elle sera en mesure de produire. Elle leur est en fait complémentaire. Pour la même raison, l'énergie éolienne n'est pas une énergie réellement décentralisée, car elle ne peut pas se passer de moyens alternatifs de production et, en général, d'un réseau de forte capacité, capable de faire face à la défaillance simultanée, par manque de vent, de toutes les éoliennes. L'évolution très marquée vers des éoliennes de forte puissance groupées en « fermes » de grande capacité[1] va évidemment renforcer ce besoin. On pourrait certes imaginer des éoliennes couplées à des installations hydrauliques de pompage, remontant l'eau dans un réservoir haut lorsque les éoliennes produisent de l'électricité, et turbinant cette eau quand le réseau en a besoin, mais les capacités existantes ou possibles ne sont pas du tout à la hauteur des besoins[2].

---

1. Un projet de 156 éoliennes totalisant 700 MW est aujourd'hui proposé au large de la côte de Haute-Normandie ; les Allemands parlent de 10 000 MW en mer du Nord.
2. De telles installations, dites Stations de transfert d'énergie par pompage (STEP) existent en France. Ces STEP ont des puissances unitaires de plusieurs centaines de mégawatts, mais des capacités réduites en énergie. Elles permettent de transformer une énergie de faible valeur parce que produite lorsqu'on n'en a pas besoin, en énergie de pointe de forte valeur.

En pratique, l'énergie fournie par une éolienne dépend des sites, et peut varier de 1 500 à 3 500 heures « équivalent pleine puissance » ; en moyenne en 2005, en Europe de l'Ouest, 1 900 heures soit presque 4 fois moins qu'une centrale thermique utilisée en base. Trop souvent, les chiffres fournis par les producteurs d'énergie éolienne ne donnent que la puissance installée, alors que l'énergie est évidemment plus importante.

L'énergie éolienne est aussi une énergie dispersée. Des éoliennes trop rapprochées se gêneraient, comme deux voiliers en course se déventent. Ceci conduit à d'autant plus espacer les éoliennes qu'elles ont une puissance élevée. Il y a des régions où cela n'a pas d'importance, mais, en Europe, il y a souvent une compétition féroce pour l'occupation du sol.

D'autant plus que des machines de 120 m de haut, avec des pales de 60 m de rayon, ne passent pas inaperçues et qu'il est préférable d'établir un périmètre de sécurité autour d'elles. Une pale qui casse (plusieurs tonnes tombant de plusieurs dizaines de mètres) et vient atterrir au pied du mât, comme cela s'est produit en décembre 2003 à Boulogne-sur-Mer, pourrait sérieusement endommager des constructions situées à proximité et blesser ou tuer des personnes.

Dernière critique faite par les opposants à l'énergie éolienne, les machines seraient bruyantes. Affirmation contestée pas ses partisans qui affirment que le niveau sonore, mesuré en décibels, n'est pas franchement supérieur à celui du vent. Facile à vérifier ? En principe oui, sauf que le niveau sonore n'est pas seul en cause, mais aussi et peut-être surtout, les basses fréquences engendrées par la rotation des pales. Celles-ci sont peut-être appréciées par les amateurs de disco, mais moins par les voisins insomniaques !

En définitive, la meilleure façon de répondre aux objections liées à l'occupation du sol, à la protection des paysages et au bruit est d'installer un certain nombre de machines pour que chacun puisse se forger sa propre opinion. En revanche, le caractère intermittent du vent et ses conséquences du point de vue du réseau de transport de l'électricité se traduisent en termes économiques qu'il serait indispensable de préciser avant d'engager des programmes massifs. Malheureusement, cela n'a été fait ni en Allemagne ni en France.

Combien ça coûte ? Combien ça vaut ?

Lorsque EDF, au début des années 2000, lança le programme Éole 2005, elle procéda par appel d'offres de façon à obtenir les coûts les plus faibles possibles. Rapidement, grâce au double effet de l'accroissement des puissances des machines et de la recherche des meilleurs sites possibles, les coûts du MWh produit chutèrent de près de 40 € à 35 puis 32. Les partisans les plus farouches des éoliennes critiquèrent la démarche, au motif qu'elle aboutirait rapidement à saturer les « bons » sites et que les prix bas décourageraient les promoteurs et les industriels.

Le gouvernement de l'époque, sensible à ces critiques, décida de faire comme nos voisins allemands et de garantir pendant 10 à 15 ans le prix de rachat de l'électricité, à un niveau beaucoup plus élevé, entre 50 et 70 € selon la qualité des sites. Les mesures d'encouragement à l'éolien ont été modifiées et encore renforcées par un arrêté de juillet 2006 qui relève le prix de rachat à plus de 80 € par MWh pour l'éolien terrestre et 130 pour l'éolien en mer. Un véritable pactole pour les investisseurs !

Combien vaut cette électricité dont un caractère, on l'a vu plus haut, est d'être non garantie ? On a vu qu'elle se substitue à une énergie qui, elle, doit être garantie. Elle ne permet d'éviter ni l'investissement correspondant ni même les frais d'exploitation, car le personnel doit être présent. En revanche, elle permet d'économiser sur le combustible et, lorsque l'énergie de base est fossile, de réduire les émissions de gaz carbonique. Sa valeur va donc dépendre de l'énergie à laquelle elle se substitue, très variable selon les pays et les régions. Voici quelques exemples.

Au Danemark, le vent se substitue au charbon (dont le coût est environ de 16 €/MWh) et évite les émissions associées de gaz carbonique (taxées 14 €/MWh) ; le kWh éolien « vaut » donc 30 € (16 € de charbon économisé et remise de « taxe CO_2 » de 14 €), alors qu'il est payé 48 centimes : le coût pour le contribuable est inférieur à 20 € par MWh, et encore moins si le prix du charbon augmente durablement.

Dans les Antilles ou en Corse, il se substitue au pétrole brûlé dans des groupes électrogènes, qui coûte environ 50 € par MWh, et il vaudra encore plus lorsqu'on aura créé une taxe sur le gaz carbonique : l'éolien pourrait alors devenir largement rentable.

En France métropolitaine où 90 % de l'électricité sont fournis par l'hydraulique et le nucléaire, le MWh éolien vaut moins de 10 € et le coût pour le contribuable (ou le consommateur) est voisin de 70 € par MWh pour l'éolien terrestre et 120 pour l'éolien en mer.

On voit que le coût pour la collectivité est extrêmement variable. Il peut être très faible dans les régions où les sources classiques sont chères, mais il devient considérable en France métropolitaine[3]. Pour donner un ordre de grandeur, le programme de 20 milliards de kWh en 2010 réclamé par les mouvements écologistes coûterait environ 2 milliards d'euros par an aux consommateurs si les tarifs de rachat ci-dessus étaient maintenus. Au total sur les 10 à 15 ans de garantie de l'État, le surcoût serait de 20 à 30 milliards d'euros.

Quel potentiel ?

Une question essentielle est finalement de savoir quel est le potentiel de l'énergie du vent en Europe et en France. La réponse dépend de nombreux facteurs : la carte des vents, la disponibilité de l'espace et l'acceptation par les populations, le prix à payer. Le développement de l'éolien en mer permettra par exemple de bénéficier de vents plus réguliers et de rencontrer moins d'oppositions, mais il coûtera plus cher à la fois pour installer et pour maintenir les éoliennes.

Au total, le potentiel éolien terrestre français est évalué à 70 TWh, dont seule une fraction pourra probablement être utilisée, car cela nécessiterait l'occupation de 2 000 à 4 000 km². Il est plus raisonnable de tabler sur 10 à 20 TWh, à comparer aux 70 que fournit l'hydraulique. Le développement en mer serait susceptible d'augmenter ce

---

3. Certains prétendent comparer le prix de rachat de l'électricité éolienne au pris de l'électricité facturée aux particuliers (environ 100 € par MWh hors abonnement). Cela n'a pas de sens, car l'éolien ne permet de se dispenser ni des infrastructures de réseau ni du secours rendu indispensable par son caractère aléatoire.

potentiel, mais il est difficile aujourd'hui d'évaluer de combien. La combinaison de l'éolien et de stations de transfert d'énergie par pompage (STEP), évoquée plus haut, pourrait également faciliter le développement de l'éolien, mais dans des proportions modestes compte tenu des capacités des STEP[4].

Que dire des autres « nouvelles énergies renouvelables » ?

Les autres énergies renouvelables sont beaucoup moins évoquées dans les débats, et pourtant elles peuvent apporter autant, sinon plus, que l'énergie éolienne, et souvent à moindre coût. Il faut distinguer les énergies renouvelables qui fournissent de la chaleur, celles qui peuvent offrir des débouchés dans les transports (biocarburants) et celles qui produisent de l'électricité.

Côté *chaleur*, le bois a été de tout temps, et reste, la première énergie renouvelable, mais à une condition : ne pas surexploiter les forêts comme ce fut le cas en Europe au XVIIIe siècle avant l'ère du charbon, et comme ça l'est encore aujourd'hui dans certains pays pauvres. Il faut noter que cette énergie est certes renouvelable, mais n'est pas une énergie propre ; la combustion du bois s'accompagne d'émissions diverses qui ont conduit notamment à interdire son utilisation dans des foyers ouverts dans les

---

4. Le pompage a contribué à hauteur de 6 TWh en 2002, et seule une fraction de cette capacité pourrait être utilisée pour lisser la production d'électricité éolienne (*Résultats techniques de la production d'électricité en France*, RTE, 2002).

grandes agglomérations. Le soleil offre aujourd'hui de nouvelles perspectives, très intéressantes, notamment pour l'eau chaude sanitaire. La France est très en retard par rapport à l'Allemagne dans ce domaine. La géothermie pourrait aussi apporter sa contribution, soit en géothermie de surface à basse température associée à une pompe à chaleur[5], soit en géothermie profonde à haute température. Mais seuls certains sites favorables se prêtent à cette dernière forme d'énergie.

Côté *biocarburants*, diverses expériences de grande envergure ont été conduites, notamment au Brésil. Mais le rendement global de ces cultures est aujourd'hui médiocre (en France, moins d'une tep de biocarburant par hectare[6]), et elles consomment de l'eau. À grande échelle, elles seraient en compétition avec les cultures agroalimentaires aussi bien pour l'occupation des sols que pour les ressources en eau. Se poserait également la question de favoriser ou non des cultures intensives pour améliorer les rendements, soit à l'aide d'engrais, soit en faisant appel aux OGM. Ce secteur fait cependant l'objet d'importants efforts de recherche et développement, en particulier pour arriver à produire des biocarburants à partir de produits ligno-cellulosiques (bois, plantes entières au lieu de se limiter aux parties riches en sucre, amidon ou huile). Compte tenu des quantités importantes d'énergie nécessaires au

---

5. Il s'agit en fait de capter l'énergie solaire grâce à un réseau enterré à faible profondeur dans lequel circule un fluide qui récupère l'énergie solaire. La pompe à chaleur sert à élever la température par un mécanisme inverse de celui d'un réfrigérateur. Globalement, pour 1 kWh électrique consommé, on obtient entre 3 et 4 kWh thermiques. Un tel système, réalisé par un de mes voisins, s'est avéré compétitif avec le fioul domestique ou le gaz naturel aux prix de 2004.
6. Jancovici, J.-M., *L'Avenir climatique. Quel temps ferons-nous ?*, Seuil, 2002, p. 224.

cours des processus, le rendement reste médiocre, comparable au précédent. Mais si l'énergie nécessaire était apportée par une source extérieure (électricité produite sans rejets de CO_2 par exemple), le rendement par hectare serait doublé ; et si de surcroît l'hydrogène nécessaire dans le processus était lui aussi apporté de l'extérieur, on approcherait des 3 tep de biocarburants par hectare[7]. Sans être une panacée, les biocarburants semblent donc être en mesure d'apporter une contribution non négligeable au remplacement des carburants classiques, à condition de disposer d'énergie non émettrice de CO_2 pour les produire[8].

Côté production d'*électricité*, le solaire photovoltaïque est le plus souvent évoqué. Rappelons qu'il s'agit d'une conversion directe de l'énergie des photons de la lumière solaire en électricité, obtenue dans des cellules à base de silicium. Une des difficultés principales du photovoltaïque est le mauvais rendement des cellules qui se répercute sur le coût des supports et sur celui de la mise en œuvre. On estime qu'aujourd'hui le coût par MWh, environ 10 fois plus élevé que celui des énergies classiques, se répartit en 4 quarts : les cellules, les supports, l'installation et les équipements électriques associés (batteries, conversion courant continu-courant alternatif...). L'utilisation dans des sites isolés difficilement accessibles peut se justifier. En revanche, le projet de l'ancien ministre Yves Cochet de produire 1 TWh en subventionnant massivement des

---

7. Claudet, G., Marty, E., Seiler, J.-M., « Produire du biocarburant par transformation thermochimique de la biomasse », *Clefs CEA*, n° 50/51, hiver 2004-2005, p. 42 à 46.
8. C'est le cas de l'éthanol produit à partir de canne à sucre, la bagasse, résidu des tiges après extraction du sucre, étant brûlée pour fournir l'énergie.

installations raccordées au réseau général est certainement une grosse erreur. Cet argent serait beaucoup mieux utilisé en recherche et développement pour trouver les moyens d'améliorer les rendements. Il sera alors temps de rechercher dans l'industrialisation d'autres moyens de réduire les coûts.

Il faut aussi signaler des expériences diverses de concentrer l'énergie solaire à l'aide de miroirs ou de surfaces réfléchissantes pour produire de la chaleur à haute température et produire de l'électricité dans des machines thermiques. Les résultats ont toujours été décevants.

En résumé, la plupart des débats auxquels j'ai participé se sont conclus sur une note d'optimisme mesuré. Oui, les énergies renouvelables doivent et peuvent apporter leur contribution et auront d'autant plus de chances de se développer que les prix de l'énergie seront durablement élevés. Au premier rang, l'hydraulique et le bois, puis le solaire chaleur et l'éolien et, à plus longue échéance, il faut l'espérer, les biocarburants et le solaire photovoltaïque. Mais ces énergies doivent être développées en attachant une grande importance à leurs coûts, car on ne pourra pas faire n'importe quoi dans ce domaine.

CHAPITRE 9

LE CHARBON, ÉNERGIE SALE ?

Quand on discute d'énergie, en France, il est rare que le charbon soit évoqué. Les dernières mines ont presque disparu et rares sont les personnes qui savent qu'EDF et Charbonnages de France exploitent encore des centrales électriques brûlant du charbon. Pourtant celles-ci produisent, bon an mal an, 20 TWh, soit près de 5 % de notre électricité. Quelques-uns savent que le charbon joue encore un rôle important en Allemagne et au Danemark, et que la Pologne est un gros producteur. Plus rares sont ceux qui savent que l'Afrique du Sud et l'Australie sont de gros exportateurs de charbon, que la Chine, les États-Unis et, dans une moindre mesure, l'Inde, sont extrêmement dépendants du charbon dont ils disposent en grandes quantités.

Et puis, le charbon a mauvaise réputation. Il est à l'origine d'accidents graves (coups de grisou) et l'on parle de milliers de morts chaque année parmi les mineurs chinois. Il est source de toutes les pollutions possibles et imaginables, responsable pêle-mêle de maladies pulmonaires (le célèbre smog londonien), du dépérissement des forêts (les pluies acides), et de l'essentiel des risques climatiques. Bref, le charbon est considéré comme une énergie sale et condamnable, sinon condamnée, alors qu'il fournit 40 % de toute l'électricité mondiale.

Le charbon est-il vraiment, et de façon irrémédiable, cette énergie sale et condamnée ?

Pollutions locales

Mal brûler le charbon dans de mauvaises installations, comme ce fut le cas en Grande-Bretagne il y a encore 50 ans et est le cas actuellement en Chine, a sans aucun doute des effets délétères. Le smog de Londres hier et, aujourd'hui, l'atmosphère irrespirable de Pékin certains jours d'hiver sont là pour en témoigner. Pittsburgh, au temps de sa splendeur industrielle, n'avait rien à leur envier.

Mais on sait aujourd'hui brûler le charbon beaucoup plus proprement et éviter au moins de renvoyer dans l'atmosphère des quantités importantes de poussières ; avec comme avantage supplémentaire l'amélioration simultanée de l'efficacité énergétique dans de fortes proportions, ce qui permet de consommer moins d'énergie. Un de mes amis, ancien « charbonnier » et actuel conseiller de responsables provinciaux chinois, me disait toute l'importance du travail fait en Chine sur des millions de poêles individuels.

Pollutions régionales

Le charbon, malheureusement, contient toujours un peu (moins de 1 %) à beaucoup (plus de 6 %) de soufre. Au cours de la combustion, celui-ci se transforme en SO_2 rejeté dans l'atmosphère, et ce SO_2 va se transformer en acide sulfurique. Parallèlement, l'azote de l'air, aux températures atteintes dans les grandes chaudières industrielles, se transforme en oxydes d'azote eux aussi rejetés dans l'atmosphère où ils vont donner des acides. Ces différents acides contribuent à rendre l'air irrespirable et ont, au même titre que les poussières, des effets néfastes sur la santé. Pour en limiter les effets, on a eu recours pendant plus d'un siècle à des cheminées de plus en plus hautes, favorisant leur dilution dans l'atmosphère. Les cheminées des centrales du Havre et de Porcheville, celle de la centrale de Gardanne approchent les 100 mètres.

Dans les années 1970, les forestiers ont commencé à constater que les forêts de certaines régions, en Europe et aux États-Unis, souffraient d'un mal inconnu. Parmi les différentes causes possibles, celle des « pluies acides » a assez rapidement été privilégiée. Cause unique ou simplement facteur aggravant, peu importe, les rejets d'oxydes de soufre et d'azote sont certainement au moins partiellement responsables de ces dommages.

Ce constat a conduit les États à édicter des normes de rejets très sévères, et les industriels à développer et mettre en œuvre des procédés permettant de réduire les émissions d'abord d'un facteur 10, puis d'un facteur proche de 100. Certaines installations ont été arrêtées purement et simplement parce qu'elles n'étaient plus rentables, d'autres ont été profondément modifiées. L'Allemagne a connu ces deux situations : des milliards de Deutschemarks dépensés dans l'ex-Allemagne de l'Ouest dans les années 1980 pour mettre les centrales à niveau et l'arrêt définitif de la plupart des centrales de l'ex-Allemagne de l'Est dans les années 1990. Les États-Unis ont imposé des quotas de rejets aux gros industriels et ont mis en place un système de permis d'émission que ceux-ci peuvent acheter ou vendre dans une « bourse des permis ». Ceux qui sont plus performants peuvent revendre des « permis » à ceux qui le sont moins, pour autant que l'objectif global de réduction soit respecté.

Les moyens techniques de réduire très fortement les émissions d'oxydes de soufre et d'azote existent donc et sont mis en œuvre dans les pays riches. Mais ils sont coûteux, et certains pays pauvres peuvent difficilement les financer. Il y a là un problème grave, encore imparfaitement résolu.

Pollution globale

L'extraction du charbon s'accompagne le plus souvent d'émission de méthane, puissant gaz à effet de serre. Pour quelque obscure raison, ce phénomène est rarement évoqué. La combustion du charbon produit du gaz carbonique, un des principaux responsables du risque de bouleversement climatique. Production « existentielle », incontournable puisque c'est elle qui s'accompagne du dégagement d'énergie, objet même de la combustion. Les 3 milliards de tonnes de charbon brûlées aujourd'hui chaque année dans le monde sont responsables de plus du tiers des émissions totales de gaz carbonique.

Le seul moyen disponible aujourd'hui pour réduire ces émissions est d'améliorer le rendement thermodynamique : produire autant d'énergie avec moins de charbon. C'est la voie suivie aux États-Unis et en Allemagne avec le développement de centrales « supercritiques », voire « ultrasupercritiques » dont le rendement est amélioré de 20 % ou plus. Les Chinois, qui ont absolument besoin du charbon pour faire face à l'explosion de leurs besoins d'électricité, sont également très intéressés. L'arrêt de centrales vétustes dans l'ex-Allemagne de l'Est et surtout en Chine va dans le même sens, de même que le remplacement des poêles individuels inefficaces par des poêles améliorés.

À plus long terme, des recherches sont entreprises pour « séquestrer » le gaz carbonique : il faut pour cela le capturer là où il est produit, le comprimer, le transporter et le stocker, probablement dans des structures géologiques appropriées. Le gouvernement américain et l'Union européenne ont lancé de très importants programmes de recherche pour explorer cette voie qui n'est pas sans poser de multiples défis : le coût en énergie qui annulera plus ou moins le bénéfice des progrès de rendement évoqués plus haut, les risques environnementaux liés au stockage de grandes quantités de gaz carbonique si, à la suite d'un accident, celui-ci devait revenir en surface, et le comportement à long terme du stockage car, si le gaz carbonique revient dans l'atmosphère au bout de quelques dizaines d'années, on n'aura pas gagné grand-chose. Et, pour finir, le prix à payer pour un tel stockage.

En définitive, les enjeux liés à l'utilisation du charbon sont tellement importants pour certains pays, et notamment les États-Unis et la Chine, que l'on peut être certain que le charbon continuera encore longtemps à faire partie du mix énergétique mondial. Les moyens techniques existent aujourd'hui pour en limiter fortement les inconvénients environnementaux locaux et régionaux. En revanche, ils n'existent pas pour éviter les émissions de gaz à effet de serre. Il y a là un sujet très important de recherche et développement et, en attendant leur succès éventuel, une forte motivation au développement des énergies qui ne rejettent pas de gaz carbonique.

CHAPITRE 10

LE GAZ NATUREL, ÉNERGIE PROPRE ?

Implicitement ou explicitement, nombreux sont ceux qui pensent que le gaz naturel est une énergie propre, car il n'émet ni poussières ni oxyde de soufre et rejette moins de gaz carbonique que le charbon lorsqu'il est utilisé avec un bon rendement. D'éminents responsables politiques Verts, au cours d'un colloque sur la sortie du nucléaire qu'ils avaient organisé, n'ont pas hésité à affirmer qu'il n'y avait qu'à remplacer le nucléaire par le gaz. Les Verts allemands ne le disent pas aussi crûment, car cela entacherait leur crédibilité de défenseurs du climat, mais la décision allemande de sortir du nucléaire entraînera inévitablement l'utilisation de grandes quantités de gaz naturel[1].

---

1. La décision, en 2005, des gouvernements allemand et russe de construire un gazoduc en mer Baltique n'est sûrement pas étrangère à ce problème.

La publicité de Gaz de France insiste sur les vertus et la propreté du gaz. D'ailleurs, tout un chacun apprécie quotidiennement les immenses qualités de ce combustible. Bref, la cause est entendue, le gaz naturel, outre qu'il est « naturel », est paré de nombreuses vertus écologiques. Le fait qu'il ne soit pas une énergie renouvelable est rarement évoqué.

Est-ce une énergie si propre que cela ?

Un facteur rarement évoqué est que la combustion du gaz naturel produit des oxydes d'azote, tout autant que celle des autres combustibles fossiles, car c'est une réaction entre l'oxygène et l'azote de l'air qui en est responsable, réaction qui ne dépend que de la température. Pour limiter les émissions d'oxydes d'azote, on peut jouer sur les températures de combustion ou faire des traitements des fumées. Ces dispositifs, assez onéreux, sont en général limités aux grandes installations de production d'électricité fonctionnant en base. Par contre, les turbines à gaz ne fonctionnant que quelques dizaines d'heures par an en sont dispensées, comme le sont toutes les installations individuelles utilisant du gaz. Ceci a joué un tour aux producteurs d'électricité en Californie, lors de la crise énergétique des années 1999 et 2000. La pénurie d'électricité les a obligés à faire tourner pratiquement en permanence des turbines à gaz de pointe non équipées de traitement des oxydes d'azote. Ils ont alors dû acheter des permis de rejet dont les prix ont flambé sur un marché où il y avait très peu de vendeurs.

On note également que le gaz naturel, lors de son extraction, contient souvent de l'hydrogène sulfureux. Il faut alors le purifier et traiter convenablement les déchets. Mais cela se passe bien loin des utilisateurs et ceux-ci ont rarement conscience de ces problèmes. Pas plus qu'ils ne se préoccupent des atteintes possibles à l'environnement liées au transport du gaz, notamment quand celui-ci provient de zones écologiquement sensibles comme le nord de l'Alaska et le Nord sibérien.

Gaz naturel et effet de serre

Le gaz naturel produit moins de gaz carbonique que le charbon ou le pétrole. C'est une évidence, puisqu'il contient 4 atomes d'hydrogène pour 1 de carbone, et que la combustion de l'hydrogène donne de l'énergie et… de l'eau.

Cet avantage, très réel, peut cependant être fortement réduit, voire inversé, si le gaz naturel est utilisé avec une mauvaise efficacité énergétique. Le gaz utilisé comme moyen de chauffage dans un logement mal isolé – ce qui est souvent le cas comme l'a montré une étude réalisée récemment – rejette beaucoup de gaz carbonique. Une turbine à gaz dont le rendement est de l'ordre de 30 % rejette autant de gaz carbonique par kWh qu'une centrale thermique moderne brûlant du charbon. Et un chauffage électrique d'appoint utilisé par grand froid dans un logement mal isolé, obligeant le fournisseur d'électricité à mettre en route une turbine à gaz pour faire face à la pointe de demande, est la pire des solutions.

L'analyse des avantages et inconvénients vis-à-vis des émissions de gaz carbonique doit donc tenir compte de la manière dont il est utilisé, c'est-à-dire de l'aval. Elle doit aussi tenir compte de l'amont, c'est-à-dire de l'énergie qu'il a fallu dépenser pour l'amener à pied d'œuvre. Une des caractéristiques du gaz naturel est qu'il est beaucoup moins facile à transporter que le pétrole, précisément parce que c'est un gaz. Le transport par gazoduc sur des milliers de kilomètres, ou par méthaniers sous forme de gaz naturel liquéfié, consomme environ 15 % de l'énergie contenue dans le gaz et fait perdre près de la moitié de l'avantage du gaz par rapport au pétrole sur le plan des émissions de gaz carbonique.

Un autre facteur, très rarement évoqué, est celui des fuites de gaz naturel. Le méthane est un gaz à effet de serre beaucoup plus « efficace » que le gaz carbonique (23 fois plus à poids égal). Il suffit donc de quelques pour-cent de fuites pour pénaliser fortement le gaz naturel. Le problème est que ces fuites sont très mal connues. Shell a évoqué 2 % pour les installations de production de la mer du Nord, le transport et la distribution en Grande-Bretagne ; mais on a parlé de 10 % et plus en Russie, sans que ce soit jamais mesuré. En fait, il semble manquer la volonté de savoir, tellement le résultat pourrait être gênant.

Gaz naturel et sécurité

Coup sur coup, au cours de l'hiver 2003-2004, deux accidents majeurs sont venus nous rappeler que le gaz naturel présente des risques importants.

En Chine, un puits de forage a explosé, rejetant dans l'atmosphère des quantités très importantes de méthane et d'hydrogène sulfureux. Bilan : des dizaines de tués et des centaines de personnes plus ou moins gravement intoxiquées. Mais la Chine, c'est loin, et les Chinois n'ont pas donné beaucoup d'informations. Les médias français en ont très peu parlé.

Plus près de nous, à Skida, un des deux terminaux méthaniers qui approvisionnent la France en gaz naturel algérien a explosé. Bilan : des dizaines de tués et une centaine de blessés. Peut-être en parlera-t-on un peu plus en France ?

On peut rappeler aussi un autre accident arrivé il y a une dizaine d'années, l'explosion d'un gazoduc en Sibérie lors du passage du transsibérien, provoquant des centaines de morts et blessés parmi les passagers.

On le voit, le gaz naturel est loin d'être un combustible fossile au-dessus de tout soupçon. Il possède cependant d'indéniables qualités qui expliquent que son utilisation soit en croissance rapide.

Les clients potentiels du gaz naturel

La propreté relative du gaz naturel par rapport au charbon et même au fioul le fait préférer par beaucoup pour le chauffage individuel et collectif. En France, le réseau de distribution de Gaz de France ne cesse de se développer. À Pékin, le gouvernement chinois compte sur le gaz naturel pour rendre l'atmosphère respirable d'ici les jeux Olympiques de 2008. En Inde, le gaz en bouteilles pourrait permettre de limiter la surexploitation du bois qui provoque des désertifications dramatiques. Imaginons que les 2 à 3 milliards de Chinois et d'Indiens consomment autant de gaz que les Européens : ce serait un doublement de la consommation mondiale de gaz actuelle (2,1 milliards de tep en 2000).

La phobie du nucléaire, telle que manifestée en Allemagne, conduirait inéluctablement à développer l'utilisation du gaz pour la production d'électricité. Un abandon total du nucléaire, comparé à un scénario où le nucléaire jouerait un rôle notable pour faire face aux besoins mondiaux d'énergie, pourrait augmenter l'utilisation du gaz pour la production d'électricité dans les mêmes proportions que dans le cas précédent.

Le remplacement progressif du pétrole par le gaz, dans les quelques décennies à venir, est un scénario assez vraisemblable. La plupart des analystes prévoient en effet que la production mondiale de pétrole va passer par un maximum d'environ 4 à 5 milliards de tep d'ici 10 à 20 ans pour baisser ensuite progressivement, alors que la demande continuera à augmenter pour faire face aux besoins des pays émergents comme la Chine. Là aussi, la demande de gaz naturel pourrait être de l'ordre de 2 milliards de tep bien avant 2050.

Face à l'augmentation quasi certaine de la demande de gaz naturel, la question des ressources au niveau mondial va nécessairement se poser. Certes, l'exploitation massive du gaz naturel ayant débuté près d'un demi-siècle après celle du pétrole, et les ressources exploitables étant du même ordre, le début de déclin du gaz interviendra beaucoup plus tard que celui du pétrole[2]. Mais l'expansion actuelle de sa consommation est considérable, et devra, d'une façon ou d'une autre, être maîtrisée sous peine de déséquilibre profond entre l'offre et la demande.

---

2. Les experts parlent d'un « peak » vers 2020 ou 2030 pour le pétrole, et dans la seconde moitié du siècle pour le gaz naturel.

Les effets d'un tel déséquilibre seraient très fortement aggravés par la répartition des réserves mondiales de gaz : plus de 70 % au Moyen-Orient et dans l'ex-URSS. Les lois de l'offre et de la demande joueront naturellement, au détriment au premier chef des pays pauvres mais sans épargner les pays riches. On peut craindre également que les déséquilibres ne soient sources de conflits majeurs.

En résumé, le gaz naturel est certainement le moins mauvais des combustibles fossiles, et à ce titre est promis à un bel avenir dans les décennies à venir. Ce n'est pas, cependant, la source d'énergie ultrapropre que présentent à la fois ses fournisseurs et certains écologistes. On ne saurait trop recommander, dans une approche équilibrée des avantages et des inconvénients des différentes éner-gies, de regarder l'ensemble de la chaîne, de la production du gaz à son utilisation finale. Mais aussi de se soucier de la nécessaire solidarité entre les peuples des pays riches et ceux des pays pauvres, en tenant compte des besoins les plus vitaux de ces derniers et, plus égoïstement, des risques économiques et géopolitiques que nous ferait courir une trop forte dépendance vis-à-vis des pays d'Asie centrale.

CHAPITRE 11

LE NUCLÉAIRE CONTRIBUE-T-IL À L'EFFET DE SERRE ?

Un récent sondage sur l'effet de serre indique que 18 % des Français pensent que l'énergie nucléaire contribue à l'effet de serre, autrement dit rejette du gaz carbonique dans l'atmosphère.

Incroyable ? Pas tant que ça quand on considère la communication des différents protagonistes du secteur de l'énergie et de l'environnement.

On pourrait penser que les industriels du nucléaire insisteraient sur l'absence d'émission de gaz carbonique. Pas du tout, en tout cas jusqu'à une période très récente. Leurs conseillers en communication écartaient cet argument comme ne répondant pas aux interrogations des Français sur l'énergie nucléaire (ce qui est en partie vrai). Le sondage rappelé ci-dessus aura peut-être pour effet de propulser cet argument sur le devant de la scène.

Gaz de France, dans ses rapports annuels sur l'environnement, insiste sur la diminution des rejets de gaz à effet de serre dans ses installations... mais passe totalement sous silence que l'augmentation de la consommation de gaz naturel en France a pour conséquence d'augmenter les émissions de CO_2.

L'industrie pétrolière, dans son ensemble, affiche à grands coups d'encarts publicitaires sa volonté de préserver notre environnement en réduisant les rejets de méthane dans l'atmosphère et en réinjectant du gaz carbonique dans les gisements qu'elle exploite mais, pas plus que les gaziers, elle n'appelle à restreindre la consommation de pétrole. Elle vante ses efforts en faveur des énergies renouvelables, mais passe totalement sous silence l'énergie nucléaire[1].

L'industrie charbonnière américaine affirme que le temps est proche où on saura piéger et stocker de façon sûre le gaz carbonique de façon économique, et que le problème de l'effet de serre ne se posera plus.

Les écologistes se gardent bien d'aborder de front le problème des émissions de gaz à effet de serre, de crainte qu'on ne leur oppose... le nucléaire.

Quant aux pouvoirs publics, le moins que l'on puisse dire est que leur position est ambiguë. Les ministres européens de l'Environnement (dont Dominique Voynet, alors ministre d'un gouvernement français qui se disait favorable au nucléaire) ont décidé que le nucléaire ne ferait pas

---

1. L'attitude de l'industrie pétrolière est bien décrite par Jeremy Leggett dans *The Carbon War*, Routledge, New York, 2000 : d'un côté, des annonces de dizaines de millions de dollars dans le solaire ou l'éolien, de l'autre, des investissements de dizaines de milliards de dollars dans la prospection de nouvelles ressources de pétrole.

partie des énergies considérées dans le Protocole de Kyoto comme ne rejetant pas de gaz à effet de serre. Une partie du public a pu comprendre alors que le nucléaire contribuait à l'effet de serre et que c'était la raison pour laquelle il était exclu.

Seule, parmi les corps constitués, l'Académie de médecine a osé affirmer que l'énergie nucléaire était de loin l'énergie présentant le moins de risques au plan de la santé[2], en soulignant en particulier « qu'il est urgent de réduire la production d'énergie par les filières qui créent des gaz à effet de serre ».

Bref, la bonne nouvelle, dans cette cacophonie, c'est que plus de 80 % des Français ne pensent pas que le nucléaire contribue à l'effet de serre.

____

2. Recommandations de l'Académie nationale de médecine, adoptées à l'unanimité moins une abstention le 1er juillet 2003.

CHAPITRE 12

TCHERNOBYL ET RADIOACTIVITÉ, UNE CARICATURE DE DÉBAT

La plupart du temps, lorsqu'une question controversée est soulevée au cours d'un débat civilisé, il est possible de se mettre d'accord sur un certain nombre de données, les divergences provenant surtout de leur interprétation. Les conséquences de la catastrophe de Tchernobyl ne devraient pas échapper à cette règle. Les conséquences des faibles doses de radioactivité non plus. Mais, dans le cas de Tchernobyl, la situation est compliquée par les jeux d'acteurs multiples parfois alliés, parfois opposés, défendant chacun des intérêts matériels ou idéologiques. Le valeureux citoyen qui cherche à s'informer et à comprendre se trouve dans le brouillard le plus total et y perd son latin.

Les Russes cherchent à protéger leurs autres centrales de même type, et rejettent la responsabilité de l'accident sur les hommes qui exploitaient l'installation ; les Ukrainiens, premières victimes, sollicitent l'aide internationale et chercheraient plutôt à dramatiser les conséquences pour recueillir le maximum d'aides ; les Biélorusses, les plus touchés par les retombées d'iode radioactif et les cancers de la thyroïde chez les enfants, sont en outre victimes d'un régime autoritaire qui n'hésite pas à poursuivre toute personne qui ne répète pas la « vérité officielle », sur ce sujet notamment – et cette vérité officielle belarus, pour des raisons obscures, tend à minimiser l'accident ; les antinucléaires attribuent l'état sanitaire lamentable des populations déplacées aux effets de la radioactivité ; et les pronucléaires notent, avec les organismes mandatés par l'Organisation des Nations unies[1], qu'en dehors de la cinquantaine de morts parmi les pompiers et des quelque 4 000 cancers de la thyroïde dénombrés, aucune autre conséquence n'a, à ce jour, pu être attribuée de façon certaine aux effets des radiations[2]. Il est bien difficile, pour un citoyen désireux de se faire sa propre opinion, de s'y retrouver dans ce fatras. Essayons quand même de dégager quelques pistes.

Les conséquences de la catastrophe de Tchernobyl dans l'ex-URSS

La catastrophe de Tchernobyl a rejeté dans l'atmosphère des dizaines de millions de curies[3], dont environ la

---

1. Huit organismes des Nations unies, dont l'Organisation mondiale de la santé (OMS) et le United Nations Scientific Committee on the Effects of Radioactivity (UNSCEAR), regroupés au sein du Forum Tchernobyl.
2. Forum Tchernobyl, *L'Héritage de Tchernobyl : impacts sanitaires, environnementaux et socio-économiques*, août 2005.
3. L'unité de radioactivité est le becquerel (Bq) qui correspond à une décomposition ou émission radioactive par seconde ; cette unité, très petite,

moitié de l'iode et du césium radioactifs contenus dans le cœur du réacteur. Ce sont ces deux radionucléides qui sont à l'origine, le premier des cancers de la thyroïde chez les enfants en bas âge lors de l'accident, le second de la contamination durable des sols dans une bonne partie de l'Europe, mais principalement en Ukraine dans un rayon de 30 kilomètres autour de Tchernobyl.

Lors de l'accident, le réacteur a été détruit, une partie du combustible a été dispersée et le reste a fondu, le graphite du réacteur a brûlé. Les premières victimes se sont trouvées parmi les pompiers qui sont intervenus pour lutter contre l'incendie. Ils ont reçu des doses de rayonnement très fortes, pratiquement tous ont été malades, et une cinquantaine, sévèrement irradiés et brûlés, sont morts dans les semaines ou les mois qui ont suivi.

Après l'accident, un « sarcophage » a été construit autour du réacteur détruit, dans des conditions très difficiles, par 200 000 « liquidateurs » qui se sont succédé sur le site pendant six mois. Dans les jours qui ont suivi l'accident, près de 100 000 personnes ont été évacuées dans un rayon de 30 kilomètres autour de la centrale, et 15 000 autres au cours des semaines suivantes. Dans les deux cas, l'objectif était de maintenir les doses reçues à moins de 200 mSv[4], mais cet objectif n'a pas toujours été atteint, et on a noté

(suite de la note 3 page 83.)
est bien adaptée à la mesure de la radioactivité naturelle, couramment de quelques milliers de Bq. L'ancienne unité, le curie (Ci) vaut 37 milliards Bq. Elle est mieux adaptée aux très fortes radioactivités.
4. La quantité d'énergie déposée dans un tissu par un rayonnement radioactif se mesure en gray (Gy). L'effet de ce rayonnement se mesure en sievert (Sv) ou millième de sievert (mSv). La relation en Gy et Sv dépend de la nature du rayonnement et de la sensibilité du tissu concerné. Le Sv est une unité adaptée aux fortes doses. Les effets sur l'homme de la radioactivité naturelle se mesurent en mSv.

des dépassements importants chez certains « liquidateurs », et encore significatifs quoi que moins élevés pour certaines personnes du public évacuées, et chez environ 1 500 personnes du public non évacuées. Par ailleurs, durant l'été 1986, 220 000 personnes habitant dans des zones contaminées ont été relogées, mesure dont le bien-fondé a été contesté par la suite.

Le rapport des Nations unies nous dit que les seuls cancers que l'on peut attribuer sans aucun doute à l'effet des rayonnements sont ceux dits « déterministes » provoqués par de fortes doses : ce sont ceux qui ont affecté les pompiers et les cancers de la thyroïde chez les enfants. Il donne également les ordres de grandeur des expositions aux rayonnements des autres populations affectées. Il s'agit là de doses qui, statistiquement, peuvent avoir des effets (dits pour cela « stochastiques ») : une moyenne de 100 mSv pour les 200 000 liquidateurs, de 50 mSv pour les 270 000 personnes habitant des zones encore assez fortement contaminées (15 Ci/km^2), moins de 10 mSv pour les 115 000 personnes évacuées rapidement et les 5 millions de personnes habitant des zones encore légèrement contaminées (1 Ci/km^2). Tous ces chiffres ne sont que des moyennes et des ordres de grandeur, mais ne sont guère controversés.

Les controverses naissent des interprétations qui en sont faites. Pour le Forum Tchernobyl, seules les doses supérieures à 50 mSv sont à considérer, car l'on n'a jamais rien pu observer en dessous. Pour d'autres, il faut prendre en considération les effets stochastiques des doses inférieures à 10 mSv. Pour d'autres, enfin, il faut aller plus loin et calculer les nombres théoriques de cancers pour l'ensemble des populations de l'URSS et européenne, dont la dose moyenne a été inférieure à 1 mSv. Selon le champ d'application retenu, le calcul donne de 4 000 cancers létaux d'ici à 2050 à près de 24 000. Le chiffre le plus bas correspond à environ 3 % des cancers « spontanés » dans la population concernée, le chiffre le plus élevé nettement moins de 1 %.

Indépendamment des cancers, l'état sanitaire de ces divers groupes s'est fortement dégradé. Ce phénomène, assez général dans l'ensemble de l'ex-URSS (l'espérance de vie y ayant baissé de plus de près de 10 ans au cours des 20 dernières années) est encore plus marqué ici et est généralement attribué au stress postaccidentel.

Ces quelques éléments permettent peut-être de comprendre pourquoi il n'y a pas de consensus sur les conséquences réelles de l'accident, celles-ci ne pouvant être mesurées qu'en termes statistiques (mis à part les 50 morts chez les pompiers et les cancers de la thyroïde), et les statistiques étant noyées dans un bruit de fond très élevé. Rien, en tout cas, ne permet d'étayer la thèse que des doses inférieures à 100 ou 200 mSv entraîneraient un risque de cancer. Mais l'observation des effets de Tchernobyl ne permet pas, non plus, comme le fait remarquer Georges Charpak[5], avec un bon sens certain, de prouver qu'il n'y a pas d'effet.

Le rapport du Forum Tchernobyl met également en garde contre de mauvaises décisions qui ont été prises sous l'effet d'une peur excessive de la radioactivité, telle que l'évacuation supplémentaire de 220 000 personnes en août 1986 : décision inutile selon les auteurs et qui a eu pour effet très négatif d'augmenter le stress de la population,

---

5. Georges Charpak, *De Tchernobyl en Tchernobyls,* Odile Jacob, 2005.

entraînant selon toute vraisemblance des troubles bien supérieurs à ceux que l'on voulait éviter. C'est toute la problématique des effets des faibles doses de radioactivité qui est posée ici, sur laquelle nous reviendrons un peu plus loin.

Les conséquences de Tchernobyl en France

Le panache en provenance de Tchernobyl est arrivé en France le 30 avril 1986 ; quelques jours après le début de l'accident. Au cours des jours et des semaines qui ont suivi, le Service central de protection contre les radiations ionisantes (SCPRI) a fait de nombreuses mesures de la contamination de l'air et des aliments (dont le lait) et, au vu des résultats, en a déduit qu'il n'y avait pas de risque de santé publique et pas lieu de prendre de mesures particulières de protection.

Dix ans plus tard, les évaluations des doses reçues par la population française, région par région, ont été reprises par l'Institut de protection et de sûreté nucléaire (IPSN) :

– la dose efficace a été de l'ordre de 0,4 mSv dans la zone la plus contaminée, c'est-à-dire l'est de la France ;

– pour les enfants de 5 ans la dose maximale à la thyroïde est évaluée à 15 à 16 mGy, alors que les études épidémiologiques ne montrent pas chez l'enfant d'augmentation significative du risque de cancer de la thyroïde en dessous de 100 mGy ;

– pour l'adulte, les doses à la thyroïde sont nettement inférieures à ces 16 mGy et de toute façon la thyroïde de l'adulte n'est pas sensible aux rayonnements ionisants.

La validité de ces évaluations a été confirmée par le professeur Aurengo dans un rapport remis au gouvernement en 2006 et résumé dans un entretien accordé à la *Revue générale nucléaire*[6]. Il ajoute : « On ne peut pas exclure que des jeunes enfants, vivant avec leurs familles en autarcie, aient pu avoir des doses plus importantes à la thyroïde […]. Mais vu le très faible nombre de personnes susceptibles d'être concernées, se prononcer sur de telles situations relève pratiquement du cas par cas. »

Il conclut que, ces cas particuliers éventuels mis à part, « les doses calculées sont à un niveau auquel on n'a jamais observé de cancer de la thyroïde chez l'enfant. Pour l'adulte, la question ne se pose pas : on n'a jamais observé de cancers chez l'adulte après irradiation de la thyroïde ». En clair, le SCPRI avait bien évalué la situation, à chaud, en 1986.

C'est pourtant ce que certains lui reprochent aujourd'hui, notamment un certain nombre de malades de cancers de la thyroïde qui affirment que leur cancer aurait pu être évité s'ils avaient su qu'il y avait risque et avaient pris des précautions en conséquence. Une plainte contre X a été déposée et le directeur de l'époque du SCPRI, le professeur Pellerin, a été mis en examen au printemps 2006 « pour tromperie aggravée ». Non pas pour avoir mis en danger la vie d'autrui, mais pour ne pas avoir, semblerait-il, publié toutes les mesures dont il disposait.

Il ne nous appartient pas ici de nous prononcer sur une affaire judiciaire en cours, mais une mise en examen pour un tel motif me laisse, en tant que citoyen, plus que perplexe. Il se trouve aussi que j'ai souvent eu affaire au

---

6. Aurengo, A., « Les conséquences en France de l'accident de Tchernobyl : les voies d'une estimation réaliste », *Revue générale nucléaire*, mai-juin 2006.

professeur Pellerin lorsque, à EDF, je travaillais sur les demandes d'autorisations de rejets radioactifs adressées au SCPRI : jamais le professeur Pellerin n'a transigé lorsqu'il estimait que la santé publique était en cause et que ses exigences pouvaient être satisfaites raisonnablement. Comment imaginer qu'il puisse avoir eu un autre comportement face à une crise comme celle provoquée par Tchernobyl ?

Et, puisque l'on parle de tromperie, n'y a-t-il pas tromperie à laisser croire à des malades de la thyroïde que leur maladie, hélas bien réelle, serait la conséquence de Tchernobyl ? À l'appui de cette thèse, des cartes de contamination ont été recalculées par l'IRSN en 2003 et 2005, et utilisées au plan médiatique pour affirmer que les doses effectivement reçues avaient été très supérieures à celles annoncées. Cartes dont le professeur Aurengo nous dit : « Ces cartes [...] ne permettent pas d'aborder le problème jusqu'à son niveau sanitaire. Ces cartes n'ont été mises sur le devant de la scène que parce qu'il y a eu des calculs, qui sont des calculs faux, ayant essayé d'expliquer que les contaminations humaines étaient proportionnelles aux contaminations des sols. Une fois que l'on a compris que ce lien n'existe pas, ces cartes deviennent un élément du débat beaucoup moins important. »

Un accident équivalent pourrait-il avoir lieu en France ?

La question est souvent posée, et la réponse est claire : c'est non.

Pourquoi ? Il y a à cela de multiples raisons, mais trois sont essentielles ; la différence de conception du réacteur lui-même, la philosophie générale de ce qu'on appelle la défense en profondeur, et le développement de la culture de sûreté.

Les réacteurs de type Tchernobyl étaient *instables* : une augmentation de puissance, au lieu de provoquer une contre-réaction tendant à freiner l'augmentation, avait tendance à amplifier le phénomène. D'une automobile, on dirait qu'elle est gravement survireuse ! Une telle instabilité, interdite dans les pays occidentaux, était bien connue des concepteurs soviétiques qui pensaient – bien à tort, l'expérience l'a montré – qu'ils pouvaient s'en accommoder, un peu comme un pilote de course maîtrise une voiture survireuse. Les réacteurs occidentaux, eux, sont stables.

Le concept de *défense en profondeur* consiste à ériger des lignes de défense successives pour éviter l'aggravation d'un accident et pour en limiter les conséquences. L'exemple le plus simple à comprendre est celui des trois barrières qui séparent les corps radioactifs contenus dans le combustible de l'environnement extérieur : une gaine qui contient le combustible et la quasi-totalité des produits radioactifs, la cuve qui contient le réacteur, et l'enceinte de confinement en béton qui contient la cuve et les circuits associés. Ces trois barrières sont indépendantes, surveillées en permanence, et protégées. À Tchernobyl, la deuxième barrière n'était pas conçue pour résister à un accident grave, et la troisième était absente : le concept de « défense en profondeur » n'avait tout simplement pas cours dans l'ex-URSS.

La *culture de sûreté* est une attitude inculquée à tous les intervenants dans l'exploitation d'une installation nucléaire, consistant à placer la sûreté au centre des préoccupations. Elle implique un strict respect des consignes mais, plus encore, de s'interroger chaque fois que l'on se trouve dans une situation nouvelle ou inattendue. Le moins que l'on puisse dire, c'est que le système mis en place par les Soviétiques pour l'exploitation de leurs centrales nucléaires était aux antipodes de cette culture de sûreté, la priorité étant nettement donnée à la productivité.

Que dire sur les réacteurs encore en service dans les pays de l'Est, et notamment les réacteurs RBMK de même type que celui de Tchernobyl ? Ils ont incontestablement été améliorés : ils sont moins instables et la protection de la deuxième barrière a été renforcée. D'autre part, les exploitants de ces installations ont maintenant des contacts fréquents avec leurs collègues occidentaux, et ont introduit la culture de sûreté dans leur démarche. Les risques d'accidents sur les RBMK ayant des conséquences graves ont donc considérablement diminué. Ils restent cependant largement supérieurs aux risques sur les centrales de type occidental.

Faut-il avoir peur des très faibles doses de radioactivité ?

Autant avoir peur de son ombre ! Car nous sommes tous radioactifs, et cette radioactivité nous suit partout où nous allons. Dix mille becquerels, c'est la radioactivité moyenne de chacun d'entre nous, dont 4 000 dus au potassium 40 présent sur terre depuis l'origine des temps. Cette radioactivité interne représente en gros un dixième de la radioactivité naturelle à laquelle nous sommes soumis. Pour des raisons analogues, la radioactivité étant présente à l'état naturel dans tous nos aliments – végétaux ou carnés – nous ingérons quotidiennement avec notre nourriture de 100 à 300 Bq.

Depuis les toutes premières étoiles, les réactions nucléaires sont au cœur de l'Univers. Elles ont permis, après bien des péripéties, la fabrication de tous les éléments qui composent notre planète et nous-mêmes. Elles continuent à entretenir notre Soleil à l'aide de réactions de fusion nucléaire.

Toutes les énergies dont nous disposons aujourd'hui proviennent, par une voie ou une autre, de la radioactivité et, le plus souvent, s'accompagnent de radioactivité.

L'énergie solaire, source de la quasi-totalité des énergies renouvelables (hydraulique, éolienne, biomasse, solaire directe) est d'origine nucléaire et s'accompagne de rayonnements cosmiques radioactifs, responsables dans notre pays d'environ 15 % de la radioactivité naturelle.

Les énergies fossiles sont, en fait, des énergies solaires en conserve. Depuis l'apparition de la vie sur terre, tous nos lointains ancêtres ont subi la radioactivité correspondante. En contrepartie, le carbone a été séquestré et la concentration de CO_2 dans l'atmosphère a été limitée. C'est ce CO_2 que nous libérons aujourd'hui quand nous brûlons un combustible fossile.

L'énergie nucléaire produit une nouvelle radioactivité, créée par l'activité humaine, mais de nature identique à la radioactivité naturelle.

L'homme doit donc vivre avec la radioactivité (de même qu'il doit vivre avec l'effet de serre dû au CO_2 de l'atmosphère). De fait, il ne pourrait pas plus vivre sans radioactivité qu'il ne pourrait vivre sans CO_2. Le tout est de maîtriser les quantités de l'une et de l'autre. Pour cela, il est nécessaire de distinguer entre les niveaux d'exposition. On en distingue trois.

Les très fortes doses (supérieures à quelques Gy ou quelques milliers de mSv), rencontrées pratiquement exclusivement en médecine curative car elles permettent de détruire les cellules cancéreuses.

Les fortes doses (supérieures à 100 ou 200 mSv) susceptibles de provoquer des cancers à plus ou moins long terme et aussi, à plus courte échéance, divers troubles de l'organisme, généralement réversibles.

Les faibles doses (1 à 100 mSv) subies naturellement, ou lors d'examens médicaux, ou par les personnes habilitées à travailler en ambiance radioactive et médicalement suivies.

Ce sont ces dernières qui nous intéressent ici car, curieusement, ce sont celles qui inquiètent le plus le public. Entraînent-elles un risque ?

La vie sur terre et l'homme se sont développés dans un environnement de radioactivité naturelle et aucune observation n'a permis d'établir un lien quelconque entre cette radioactivité et la santé. Toutes les études épidémiologiques faites à ce jour confirment cette absence d'effet observable. Des études portant sur des populations très importantes, stables et homogènes, subissant des expositions naturelles extrêmes (en Inde et en Chine) se poursuivent, mais les premiers résultats obtenus confirment l'absence de tout effet nocif des doses observées, relativement importantes (quelques dizaines de mSv par an).

Diverses activités humaines augmentent l'exposition de l'homme (déplacement en altitude, travaux souterrains et dans les mines de toutes natures...) ou engendrent de la radioactivité. Leurs effets peuvent être directement comparés à la radioactivité naturelle ou à certaines composantes de celle-ci présentant des caractéristiques analogues. Ces « repères naturels » permettent d'évaluer les risques éventuels liés à ces activités humaines.

Depuis quelques années, diverses propositions ont été faites dans ce sens, qui toutes considèrent qu'en dessous de 10 mSv le risque, s'il existe, ne justifie pas de prendre des mesures pour le réduire[7] et qu'en dessous de 1 mSv il n'y a aucun risque.

Certains scientifiques ont pu par le passé évoquer des risques plus importants pour ces mêmes doses. Ceci apparaît de plus en plus improbable au fur et à mesure que les connaissances progressent. Il existe désormais un consensus de plus en plus large, traduit par les propositions rappelées ci-dessus, pour introduire un « seuil effectif », de l'ordre de grandeur de la radioactivité naturelle moyenne, en dessous duquel il n'y a pas lieu de prendre de mesures particulières de précaution.

Cette évolution est essentielle à de nombreux points de vue, car la peur irraisonnée et hors de proportion de la radioactivité peut avoir de graves conséquences. En médecine, par exemple, un certain nombre de personnes ont peur de se soumettre à des méthodes de diagnostic qui mettent en œuvre la radioactivité. Moins grave, peut-être, mais potentiellement lourd de conséquences, est le parti que peuvent tirer de cette peur les auteurs d'actes de terrorisme.

---

7. Néanmoins, les responsables de la radioprotection insistent sur l'intérêt, à titre de précaution, de ne s'exposer à de telles doses que si l'on en retire un bénéfice (diagnostic médical, plaisir de la haute montagne, etc.).

Radioactivité et terrorisme

Le principal risque d'action terroriste utilisant des produits radioactifs est celui d'une bombe artisanale classique contenant une source radioactive dérobée soit dans un hôpital, soit sur un chantier. Ces sources sont utilisées par milliers dans le monde et il est infiniment plus facile de s'en procurer que de mettre la main sur les éléments radioactifs utilisés et produits dans les centrales électriques et les usines du combustible.

Certaines de ces sources sont très fortement radioactives. Ce sont des sources égarées de ce type qui ont provoqué le plus d'accidents graves dans le monde lorsqu'elles étaient ramassées dans des décharges par des personnes ne sachant pas ce que c'était (accident de Goïania au Brésil, par exemple). Elles sont donc difficiles à manipuler sans risques. Il n'empêche qu'une telle source, protégée dans son conteneur, pourrait par exemple être placée dans une voiture piégée. Quelles seraient les conséquences ?

Cette question a été abordée dans un colloque de l'Académie des sciences au début 2003. Les experts médicaux ont insisté sur le fait que les seuls effets immédiats à traiter seraient ceux de l'explosion elle-même, comme dans tous les attentats à la bombe. Ils ont expliqué aussi que les produits radioactifs ne seraient pas dispersés bien loin, et que le nombre de personnes à soigner pour les effets de la radioactivité serait très limité. Ils ont surtout insisté sur le fait que la principale arme d'éventuels terroristes n'était pas les produits radioactifs eux-mêmes, mais la peur de la radioactivité et la panique que cette peur pourrait provoquer.

Dans un article « post 11-Septembre », le magazine américain *Time*[8] abondait dans le même sens, et insistait sur la nécessité de remettre les pendules à l'heure et de mieux expliquer pour quelles raisons la radioactivité à faibles doses ne présentait pas de risques. Cet article dans un grand hebdomadaire est à noter à plus d'un titre, car il marque peut-être un tournant dans l'attitude des médias. D'un côté, on prend conscience que le risque principal d'action terroriste impliquant la radioactivité vient des sources radioactives présentes un peu partout, beaucoup plus que des installations nucléaires, et que ce risque est suffisamment crédible pour qu'on s'en inquiète ; de l'autre, face à un risque jugé bien réel, on se prépare à y faire face au lieu de fantasmer sur les risques imaginaires des très faibles doses de radioactivité. On ne peut que s'en réjouir, mais il faut être conscient que le chemin à faire reste très long.

En définitive, la catastrophe de Tchernobyl a eu des effets bien identifiés liés aux fortes doses de radioactivité reçues par divers groupes de population et des effets bien réels mais non clairement imputables à la radioactivité lorsque les doses reçues ont été beaucoup plus faibles.

Pour la Criirad et les organisations antinucléaires, toute radioactivité est certainement nocive. C'est devenu au fil des ans le discours politiquement correct, repris par les médias et les politiques. De nombreux scientifiques, notamment chez les radiologues et les cancérologues, font valoir que les très faibles doses (de l'ordre de la radioactivité naturelle), sont banales[9], mais ils ne sont ni écoutés ni entendus.

---

8. *Time*, « Defusing the terror », 24 juin 2002.
9. Académie des sciences, Académie nationale de médecine, *La Relation dose-effet et l'estimation des effets cancérogènes des faibles doses de rayonnements ionisants,* 6 mars 2005.

Dans le rapport du Forum Tchernobyl, pour la première fois, l'ensemble des organisations des Nations unies impliquées dans l'après-Tchernobyl a osé affirmer deux choses :

– la mauvaise santé des populations des trois pays les plus touchés (Russie, Ukraine et Biélorussie) a de nombreuses causes, la radioactivité n'étant probablement pas la plus importante ;

– la peur excessive de la radioactivité a entraîné de mauvaises décisions, notamment l'évacuation qualifiée d'inutile de 220 000 personnes trois mois après la catastrophe, avec des effets négatifs sur leur santé et leur qualité de vie.

Cette prise de position, loin du politiquement correct qui avait prévalu jusqu'alors, remet implicitement en cause le credo des organisations antinucléaires. Il n'est guère surprenant qu'elles la qualifient de « scandaleuses conclusions de l'ONU ».

Et si l'ONU avait raison ?

CHAPITRE 13

LES DÉCHETS NUCLÉAIRES : PROBLÈME INSOLUBLE OU PROBLÈME RÉSOLU ?

La question des déchets nucléaires est certainement celle qui revient le plus fréquemment dans les débats sur l'énergie. Pour le plus grand nombre, le substantif « déchets » est en soi un motif suffisant de refus. Le qualificatif « nucléaire » ne fait qu'aggraver encore le préjugé hostile. Pour les plus virulents des opposants, bloquer toutes les initiatives ayant pour but de résoudre les problèmes des déchets nucléaires est le meilleur moyen de bloquer le nucléaire[1]. Pour les plus farouches partisans du nucléaire, la gestion des déchets nécessite encore des travaux de confirmation et d'optimisation des solutions, mais ne soulève aucune question de principe. Entre ces deux extrêmes, les politiques français ont cherché à tracer une voie,

____

1. Voir les articles du style « Les poubelles nucléaires sont pleines ».

celle d'un programme de recherche encadré par un dispositif politique : une loi votée en 1991, des axes de recherche couvrant tout l'éventail des solutions possibles, et une échéance (2006) à laquelle le Parlement devait fixer les orientations retenues. Dans d'autres pays, notamment les États-Unis, la Suède et la Finlande, d'autres processus ont été retenus, mais avec la même volonté d'associer la population et les responsables politiques aux décisions qui seront prises, dans des processus démocratiques.

Avant de développer le processus français, il est utile de rappeler de quoi l'on parle au travers de quelques questions simples.

Qu'est-ce que sont les déchets nucléaires ?

Ce sont des éléments radioactifs (ou radionucléides), avec comme conséquences :

– une décroissance avec le temps (10 périodes[2] = un facteur 1 000) ;

– un dégagement de chaleur, d'autant plus important que la période est courte ;

– un effet sur la santé s'ils peuvent arriver jusqu'à l'homme, qui dépend de la nature de la radioactivité (α, β, γ) et est d'autant plus important que la période est courte (exemple : l'iode 129 – période 16 millions d'années – aurait, ingéré par l'homme, un effet 800 millions de fois moins

____

2. La « période » d'un élément radioactif (ou radionucléide) est le temps au bout duquel le nombre d'atomes du radionucléide est divisé par 2. Ainsi, au bout de 2 périodes, ce nombre est divisé par 4, au bout de 3 périodes, par 8, etc.

important, à concentration égale, que l'iode 131 – période 8 jours).

Les principaux radionucléides sont :

– les produits de fission, dont la grande majorité a pratiquement disparu au bout de deux à trois siècles ; seuls subsistent quelques radionucléides à vie très longue (technétium 99, iode 129 et césium 135 sont les plus notables) ;

– les actinides, produits par captures successives de neutrons dans l'uranium et le plutonium : les principaux sont le neptunium, le plutonium, l'américium et le curium ; diverses réactions nucléaires transforment certains de ces radionucléides (exemple le plutonium 241 donne de l'américium 241, et celui-ci donne du neptunium 237) ;

– le plutonium tient un rôle à part ; produit à partir de l'uranium 238, il est fissile et permet de valoriser cet isotope de l'uranium : il est donc considéré parfois comme un déchet, parfois comme une ressource.

Un premier principe : le confinement des radionucléides

L'objectif ultime de la gestion des déchets radioactifs est d'empêcher la radioactivité de remonter jusqu'à la biosphère puis jusqu'à l'homme en quantités entraînant des effets sur la santé (si l'on s'en tient aux normes actuelles, ceci signifie une dose à l'individu inférieure à 1 mSv/an).

Pour atteindre cet objectif, il y a un large consensus autour du principe de confinement des radionucléides.

Les rares exceptions à ce principe concernent des radio-nucléides très peu radioactifs et qui peuvent se diluer dans la biosphère sans possibilité de reconcentration (I129, Kr85...).

Ce confinement est assuré par des barrières successives ; dans le cas des déchets à vie longue enfouis, par exemple :

– une matrice robuste dans laquelle les radionucléides sont emprisonnés (oxyde d'uranium en absence de retraitement, verres dans le cas du retraitement) ;

– un conteneur résistant à la corrosion ;

– une barrière ouvragée destinée à la fois à limiter l'arrivée d'eau et à retenir les éventuelles fuites de radionucléides ;

– une couche géologique destinée à maintenir les déchets à l'abri d'événements extérieurs (glaciation, guerres) et à retenir les radionucléides qui auraient franchi les barrières précédentes.

Un deuxième principe : le tri

Les déchets radioactifs sont caractérisés par leurs volumes, leurs périodes et leurs activités (leur dégagement de chaleur étant une conséquence de ces caractéristiques). Il y a un large consensus sur l'intérêt de les trier et de réserver des sorts spécifiques à chaque composante de ce tri[3].

Le premier niveau de tri, largement consensuel, sépare :

---

3. Tout comme on trie de plus en plus les ordures ménagères et on cherche à séparer les eaux pluviales des eaux usées.

– les déchets à vie courte de faible activité (FA[4]) et très faible activité (TFA[5]), destinés à être stockés en surface (site de l'Aube), la radioactivité ayant totalement disparu au bout de trois siècles[6] ;

– les déchets de moyenne activité, mais comportant des émetteurs α à vie longue (déchets B[7] – de l'ordre de 100 000 m^3) ; ces déchets ne dégagent pas de chaleur ;

– les déchets de forte radioactivité initiale (donc dégageant de la chaleur) et comportant des radionucléides à vie longue (déchets C[8] – de l'ordre de 10 000 m^3).

Le deuxième niveau de tri n'est mis en œuvre que dans certains pays, dont la France. Il consiste à séparer, en vue de leur recyclage, le plutonium et l'uranium des autres radionucléides dans une opération dite de retraitement du combustible. Cette opération modifie à la fois les ressources en matières fissiles et la nature et les quantités des radionucléides présents dans les déchets (et notamment le dégagement de chaleur). On y reviendra plus loin.

---

4. On trouve notamment dans ces déchets FA la quasi-totalité des outils contaminés et des vêtements de protection en provenance des centrales nucléaires et une petite partie des déchets issus du démantèlement des centrales nucléaires.

5. Plusieurs millions de m^3 pour le parc nucléaire français, déchets de démantèlement des centrales inclus.

6. Ce délai peut paraître long, mais il faut garder présent à l'esprit que les déchets en question ne sont que faiblement radioactifs et peu dangereux ; et, contrairement à de nombreux autres déchets industriels ou même domestiques non biodégradables, ils ne sont pas éternels. En d'autres termes, de nombreuses décharges non nucléaires et potentiellement beaucoup plus dangereuses devraient être surveillées pendant des durées beaucoup plus longues ; cela, personne ne s'en préoccupe.

7. On y trouve notamment les outils et vêtements de protection des usines du cycle du combustible, susceptibles d'être contaminés par des émetteurs α, ainsi que les gaines des combustibles retraités.

8. Essentiellement des produits de fission et des actinides.

Un troisième niveau de tri a fait l'objet d'un certain nombre d'études : il consisterait à extraire un ou plusieurs des actinides mineurs (neptunium, américium, curium) en vue soit de leur assurer un confinement spécifique, soit de les transmuter en éléments à vie plus courte.

Les conséquences du dégagement de chaleur

Le dégagement de chaleur en début de vie des déchets C est très important et nécessite des dispositions appropriées de refroidissement : les combustibles usés sont entreposés pendant plusieurs années dans des piscines (à côté des réacteurs, puis à l'usine de retraitement). Les verres issus du retraitement, tout comme les combustibles usés non retraités, sont entreposés pendant plusieurs décennies avant d'être placés dans un stockage définitif ; au bout d'un temps plus ou moins long, leur refroidissement peut être assuré par des systèmes simples de convection naturelle.

Lorsque l'on veut placer les déchets C dans un stockage profond, il est généralement admis qu'il faut remplir deux conditions :

– ne pas dépasser 100 °C sur la paroi externe du conteneur, afin d'éviter tout risque d'ébullition de l'eau si celle-ci trouvait son chemin jusque-là : cette condition fixe la quantité de radionucléides que l'on peut mettre par conteneur, en fonction de leurs natures et de leurs dégagements de chaleur ;

– ne pas dépasser un flux de chaleur par unité de surface du stockage (environ 10 kW/ha) compatible avec la bonne tenue du terrain dans le temps. Pour un terrain donné, cette condition fixe la superficie du stockage, qui sera d'autant plus faible que l'on aura réduit les sources de chaleur (soit en allongeant la durée d'entreposage, soit en poussant le tri encore plus loin et en transmutant certains radionucléides). Il en résulte que, malgré le faible volume des déchets C (10 000 m^3), le volume à excaver pour leur stockage serait compris entre 5 et 25 millions de m^3 pour une emprise de stockage de l'ordre de 1 000 ha. Soit 10 fois plus que pour les déchets B pourtant 10 fois plus volumineux.

Avantages et inconvénients du retraitement

Le retraitement permet :

– de récupérer l'uranium 235 restant et le plutonium produit dans le combustible usé, en vue de les recycler. Cela augmente les ressources en matière fissile, de 20 % (10 % pour l'uranium et 10 % pour le plutonium) environ quand on les recycle une fois dans les réacteurs à eau, de 40 % (10 + 30) si on faisait du multirecyclage dans les réacteurs à eau, mais de 50 fois si on les recyclait dans des réacteurs à neutrons rapides ;

– de sortir le plutonium des déchets, ce qui réduit le dégagement de chaleur et l'inventaire de produits radioactifs α stockés. Ce plutonium est alors recyclé dans un combustible appelé Mox (*mixed oxyde*).

Il a comme inconvénients :

– d'augmenter les quantités de déchets B en provenance de l'usine de retraitement ;

– d'augmenter, dans le combustible recyclé usé, les quantités d'américium (période 432 ans) et de curium (période 18 ans) ; ces radionucléides, qui ont une vie plus courte que le plutonium, augmentent les sources de chaleur dans les déchets qui leur sont associés (combustible usé non retraité ou verres issus du retraitement) ; la présence de curium tend à augmenter les durées d'entreposage avant stockage, et celle d'américium compense partiellement la diminution des sources de chaleur liée à l'enlèvement du plutonium. Il faut noter que la production nette d'américium et de curium est plus faible dans des réacteurs à neutrons rapides, car une partie de l'américium produit y est détruit par fission.

Avantages et inconvénients de la transmutation des actinides mineurs

Les avantages et inconvénients doivent être regardés radionucléide par radionucléide.

Pour le neptunium, l'extraction est relativement facile, mais l'intérêt est très limité ; en effet, le neptunium a une période très longue (2 millions d'années) et est donc très faiblement radioactif ; il est peu soluble et peu mobile dans les conditions de stockage géologique[9], ce qui réduit d'autant les possibilités de le voir atteindre la biosphère et l'homme. Tous les modèles de calcul donnent des effets potentiels sur l'homme très largement inférieurs à 1 mSv par an.

Pour l'américium, l'extraction est plus difficile mais sa faisabilité a été prouvée ; la transmutation fait l'objet d'expériences dans le réacteur à neutrons rapides Phénix ;

---

9. Tout au moins quand le milieu est réducteur, ce qui est le cas de l'argile de Bure.

l'intérêt serait de réduire la source de chaleur dominante dans les verres après la décroissance des produits de fission, et donc de limiter l'emprise du stockage ; cet intérêt est en partie compensé par l'inconvénient que, parallèlement, on augmente les quantités de curium, ce qui conduirait à allonger la durée de l'entreposage des verres.

Pour le curium, les opérations de transmutation sont très complexes du fait de la forte radioactivité de ce corps ; et l'intérêt est réduit car sa période est courte (18 ans). Il faut comparer les avantages et inconvénients respectifs de la transmutation et de l'entreposage.

Quoi qu'il en soit, la transmutation ne peut présenter d'intérêt que si elle est réalisée dans un réacteur à neutrons rapides (RNR). Une telle voie s'inscrirait normalement dans un scénario de développement des RNR, donc d'extension importante de la place du nucléaire dans le « mix » énergétique.

Les 4 périodes à considérer

L'ensemble des éléments ci-dessus conduit à considérer 3 ou 4 périodes selon les cas.

Une première période de plusieurs décennies pendant laquelle la radioactivité et le dégagement de chaleur sont dominés par les produits de fission : les déchets sont entreposés (en piscine s'il s'agit de combustibles usés, en silos refroidis s'il s'agit de verres). On dispose aujourd'hui d'une large expérience industrielle.

Une deuxième période éventuelle, lorsque les quantités de curium et de plutonium sont importantes (cas du combustible usé Mox non retraité ou des verres provenant du retraitement de combustibles très irradiés), pouvant dépasser un siècle, pendant laquelle on prolonge l'entreposage avec deux objectifs : attendre que le dégagement de chaleur ait suffisamment diminué pour permettre le stockage et réserver la possibilité de récupérer le plutonium pour l'utiliser dans des RNR. Cet entreposage de longue durée ne soulève pas de problème technique nouveau, mais la pérennité de l'entreposage doit être assurée.

Une troisième période où les déchets sont placés dans le stockage définitif, dont le dimensionnement est défini par les critères évoqués plus haut : les laboratoires souterrains et les travaux de qualification d'un site ont pour objet de fournir les éléments chiffrés de ce dimensionnement et les données nécessaires au dossier de sûreté. Ce dernier doit analyser les risques potentiels et prouver qu'on aura effectivement mis en œuvre les solutions les plus aptes à assurer le confinement à long terme des radionucléides.

Une quatrième période, au-delà de quelques dizaines de milliers d'années, où seuls subsistent les radionucléides à vie très longue et, de ce fait, faiblement radioactifs. Les doses pour l'homme liées à des remontées éventuelles de radionucléides sont largement inférieures à la radioactivité naturelle pour les émetteurs α (neptunium) et pourraient s'en approcher pour I129 si ce dernier n'était pas rejeté lors du retraitement.

En résumé, le problème des déchets nucléaires est-il un problème insoluble ? Sûrement pas. On a vu que les solutions à mettre en œuvre au cours des deux premières périodes bénéficient d'une large expérience industrielle et que le très long terme ne pose pas de vrai problème pour la santé de l'homme. Seule la troisième période nécessite des études et des travaux pour confirmer les choix des natures des terrains choisis pour le stockage définitif (argile, granite ou sel) et fournir les données nécessaires pour dimensionner le stockage et qualifier un site particulier. La mise au point des conteneurs adaptés aux déchets B et C ne pose pas de problèmes sortant de l'ingénierie classique. Les Finlandais et les Suédois sont bien avancés dans ce travail pour le stockage des combustibles usés dans des sites creusés dans le granite. Le stockage des verres issus du retraitement devrait être plus facile.

Le problème des déchets nucléaires est-il pour autant un problème résolu ? Dans ses grands principes sans doute, mais dans la pratique pas encore. Il reste beaucoup de travail pour aboutir à la qualification d'un site de stockage géologique et pour arrêter le dessin précis des conteneurs et les qualifier. La loi de juin 2006 a fixé les grandes orientations et défini les prochaines étapes devant aboutir au choix d'un site de stockage géologique. Elle confirme la voie du retraitement des combustibles usés, affirme le principe du stockage géologique, qu'elle veut *réversible* pendant au moins 100 ans, et définit le processus de consultation des citoyens et de décision du Parlement devant aboutir à une nouvelle loi en 2015.

La loi de 2006 lie assez explicitement les perspectives de séparation et transmutation des actinides mineurs à celles de nouvelles générations de réacteurs, telles qu'elles sont étudiées sous l'appellation « génération 4 ». Ces nouveaux réacteurs, très probablement à neutrons rapides contrairement aux réacteurs actuels, multiplieraient les ressources d'uranium et ouvriraient la voie à une forte augmentation de l'énergie nucléaire et, par voie de conséquence, des quantités de déchets. La destruction de certains actinides mineurs, notamment l'américium, pourrait alors présenter un réel intérêt pour optimiser l'ensemble de ce qu'on appelle l'aval du cycle. Ceci n'a pas échappé aux auteurs de la loi.

CHAPITRE 14

FAUT-IL AVOIR PEUR DU PLUTONIUM ?

Après la question sur les déchets vient immanquablement celle sur le plutonium. Le plutonium est-il le diable (plus une affirmation qu'une question) ? Ou, pour les moins agressifs, que faire du plutonium ?

Le plutonium a mauvaise presse. Pour beaucoup, il est, plus que l'uranium, assimilé à l'arme atomique et au souvenir de Hiroshima et Nagasaki, alors que la première bombe, lancée sur Hiroshima, utilisait de l'uranium 235. Le plutonium, même s'il existe à l'état de trace dans la nature, est pour l'essentiel artificiel, contrairement à l'uranium 235 présent dans l'uranium naturel. Il s'agit donc d'une création de l'homme, volontiers assimilé à Prométhée. De plus, les premières armes anglaise et française, étaient au plutonium car ces pays ne disposaient pas des moyens d'enrichir l'uranium. Le plutonium est souvent présenté aussi comme un corps extrêmement radiotoxique : l'image donnée par les médias il y a déjà bien longtemps est celle d'une boule de la taille d'une orange capable de tuer des millions de personnes.

À l'inverse, le plutonium, produit par capture d'un neutron dans l'uranium 238, est un matériau fissile utilisable dans les réacteurs. Il ouvre la voie à la valorisation de l'uranium 238 qui représente plus de 99 % de l'uranium naturel, augmentant ainsi considérablement les ressources.

Le plutonium présente ainsi plusieurs visages fort différents. Nous aborderons successivement trois de ses visages principaux : les risques de prolifération, les risques radiotoxiques et l'utilisation du plutonium à des fins pacifiques.

Plutonium et prolifération nucléaire

Les risques de prolifération nucléaire doivent être examinés sous le double aspect des moyens techniques utilisables pour se procurer la matière fissile nécessaire et des moyens politiques et techniques de contrôle.

Les moyens utilisables pour se procurer la matière fissile peuvent être classés par ordre de difficulté croissante.

Le moyen le plus facile de se procurer la matière nécessaire à la confection d'une bombe est l'enrichissement de l'uranium. Cette opération, qui utilisait la voie complexe de la diffusion gazeuse il y a 50 ans, peut être réalisée beaucoup plus aisément aujourd'hui par ultracentrifugation. Un raccourci consiste à récupérer l'uranium très enrichi utilisé dans les combustibles des réacteurs de recherche : c'est pour limiter ce risque que les Américains ont décrété un embargo sur les combustibles enrichis à plus de 20 %, règle généralement appliquée aujourd'hui (il y a cependant quelques exceptions).

Un moyen plus difficile est celui mis en œuvre par la Grande-Bretagne et la France dans les années 1950[1] : produire du plutonium dans des réacteurs « brûlant » l'uranium naturel à des taux d'irradiation très faibles, permettant de produire du plutonium de qualité militaire. L'extraction du plutonium nécessite des installations complexes de retraitement.

Les grands réacteurs de puissance utilisant de l'uranium enrichi sont particulièrement mal adaptés à la production de plutonium militaire, car il faudrait limiter très fortement l'irradiation du combustible et le retraiter. Ce ne serait pas impossible, mais ce serait une opération de grande ampleur, très onéreuse et difficile à cacher.

Face aux risques de prolifération nucléaire, l'Organisation des Nations unies et la plupart des pays ont adopté le Traité de non-prolifération (TNP). Les pays signataires s'engagent à accepter le contrôle par l'Agence internationale de l'énergie atomique (AIEA) de leurs installations nucléaires et des matières fissiles en leur possession (seuls les cinq membres permanents du Conseil de sécurité, qui possédaient déjà l'arme nucléaire lorsque le traité a été signé, conservent le droit de ne pas soumettre leurs programmes militaires au contrôle de l'AIEA)[2].

Les contrôles menés par l'AIEA sont sans aucun doute difficiles lorsqu'il s'agit de petites installations telles que de petites unités d'enrichissement de l'uranium. En revan-

---

1. Et peut-être la Corée du Nord aujourd'hui.
2. L'AIEA et son directeur, M. El Baradaï, se sont vu décerner le prix Nobel de la paix en 2005 pour leur action dans ce domaine.

che, ils sont efficaces pour les grandes installations de retraitement du combustible et les réacteurs de puissance. Plus préoccupant est le cas des pays qui n'ont pas signé le TNP ou qui décident d'en sortir. Mais les risques correspondants de prolifération ne sont pas directement liés à l'utilisation de l'énergie nucléaire aux fins de production d'électricité. Les quelques pays qui ont développé leurs propres armes l'ont d'ailleurs fait en mettant en œuvre des moyens spécifiques, soit en se procurant les machines permettant d'enrichir l'uranium, soit en construisant de petits réacteurs de production de plutonium.

La radiotoxicité du plutonium

Le plutonium est sans aucun doute à manipuler avec précaution. Mais l'image de l'« orange » rappelée plus haut est extrêmement trompeuse, car le plutonium, pour manifester sa toxicité, doit être ingéré. Or il s'agit d'un radionucléide qui ne se disperse pas facilement dans l'atmosphère, qui passe très difficilement dans la chaîne alimentaire et se fixe mal dans le corps[3]. Il en résulte que les risques radiotoxiques sont très limités : pour donner un ordre de grandeur, *la radiotoxicité de 1 kg de plutonium répandu sur 1 km² ne dépasse pas celle du polonium 210 résultant de la désintégration du radon émis par le sol*[4].

---

3. Pendant la guerre froide, des avions porteurs de bombes atomiques étaient en l'air en permanence. L'un de ces avions s'est écrasé en Espagne et le plutonium s'est trouvé éparpillé sur le sol. La contamination a été très localisée, le plutonium a pu être récupéré, et les sols rendus à leur destination première.
4. Pradel, J., *La Radioactivité naturelle : une source de repères,* dossier du Groupe de recherche en radiotoxicologie, octobre 2002.

Les seuls endroits où il faut prendre des précautions très importantes sont ceux où le plutonium est manipulé sous des formes faciles à disperser (solutions, poudres), en fait dans les usines de retraitement et de fabrication de combustibles ainsi que lors de son transport.

Que faire du plutonium produit dans les réacteurs ?

Les réacteurs français produisent environ 10 tonnes de plutonium tous les ans, la production mondiale atteignant environ 70 tonnes.

Certains pays traitent, au moins provisoirement, ce plutonium comme un déchet. Nous avons vu au chapitre précédent que cela revient à se contenter du premier niveau de tri des déchets. L'inconvénient est double : d'une part on gaspille une ressource, d'autre part on augmente de façon importante le dégagement de chaleur dans les déchets à stocker. Ces deux inconvénients peuvent être réduits en entreposant les combustibles usés jusqu'au jour où le besoin d'utiliser le plutonium se ferait sentir : on procéderait alors à un retraitement différé ; ou jusqu'au jour où l'on serait certain de ne pas en avoir besoin car on aurait résolu autrement l'approvisionnement énergétique et où l'on déciderait de stocker définitivement les déchets contenant le plutonium.

La France a choisi la voie de la séparation du plutonium (c'est ce qui se fait à La Hague) en vue de le recycler dans les réacteurs. Initialement prévu pour un recyclage dans les réacteurs de type Superphénix, il se fait aujourd'hui dans les réacteurs à eau dans les combustibles Mox. Mais, pour des raisons de physique assez complexes, on ne peut recycler facilement qu'une seule fois le plutonium, et les combustibles Mox ne sont pas retraités, mais entreposés. La situation pour ces combustibles Mox est la même que dans le cas précédent : ils seront entreposés jusqu'au jour où on aura besoin du plutonium ou que l'on sera certain de ne pas en avoir besoin. Cet entreposage présente à la fois un avantage et un inconvénient : l'avantage est qu'il y a sept à huit fois moins d'assemblages Mox à entreposer que d'assemblages classiques en l'absence de recyclage ; l'inconvénient, c'est que le dégagement de chaleur est nettement plus élevé et, surtout, dure beaucoup plus longtemps (un à deux siècles au lieu de quelques dizaines d'années).

La comparaison sur le plan économique des deux solutions, avec et sans retraitement, doit donc prendre en compte de nombreux facteurs. La plupart des comparaisons réalisées concluent que la solution avec retraitement coûte plus cher dans l'absolu, mais que l'impact sur le coût du kWh reste très limité et est inversé une fois construite l'usine de retraitement : autrement dit, si l'usine de La Hague n'avait pas été construite (dans une autre perspective, de développement accéléré des réacteurs à neutrons rapides), il ne serait probablement pas justifié économiquement de la construire uniquement pour recycler le plutonium dans les réacteurs à eau, mais, à partir du moment où elle existe, il est justifié de l'utiliser.

Nous verrons dans un chapitre ultérieur que les réacteurs de quatrième génération, étudiés dans la perspective d'une forte augmentation de l'énergie nucléaire, reposent sur une utilisation massive du plutonium. Dans une telle perspective, le plutonium serait une ressource précieuse. Simultanément, ces réacteurs ouvrent des perspectives liées au troisième niveau de tri évoqué plus haut : la séparation et le recyclage de certains actinides mineurs. Il s'agirait certainement d'opérations complexes, mais qui méritent d'être étudiées car elles limiteraient les quantités de déchets associés à un fort développement du nucléaire.

En résumé, le plutonium n'est pas le diable, mais il doit être traité avec respect. Il pourrait faciliter la prolifération, mais c'est le moyen le plus difficile à mettre en œuvre et le plus facile à contrôler. La gestion de ce radionucléide est complexe et, en fonction des besoins, peut le faire passer du statut de déchet au statut de ressource précieuse. La voie suivie en France est intermédiaire entre les deux et ménage l'avenir.

CHAPITRE 15

EPR[1], UN PROJET OBSOLÈTE ?

Depuis quelques mois, la décision a été prise de construire le projet EPR en France. On entend dire, parfois, qu'il s'agit d'un projet dépassé, obsolète.

Avant d'aborder les arguments des uns et des autres, il n'est pas inutile de réfléchir sur la problématique générale de l'évolution des techniques. Il est en effet souvent difficile de savoir à quel moment il est opportun d'anticiper sur un saut technologique ou, au contraire, de perfectionner une technologie existante. Les exemples abondent, dans un sens comme dans l'autre.

Les premières automobiles étaient électriques, puis à vapeur. Le saut technologique du moteur à explosion et de l'essence a permis la fantastique envolée de l'automobile au XXe siècle. À l'inverse, cela fait des décennies que de nouvelles révolutions sont proposées pour détrôner le

____

1. European Pressurised Reactor, projet de réacteur à eau sous pression.

moteur à explosion, avec de nouvelles motorisations électriques alimentées par batteries ou piles à combustible, et en remplaçant l'essence par l'hydrogène ; jusqu'à présent, les « vieilles » technologies ont toujours su trouver des parades leur permettant de conserver leur suprématie, pour ne pas dire leur monopole. Les moteurs à essence ont réagi grâce notamment aux progrès de l'électronique ; les moteurs diesels ont fortement amélioré leurs performances dans tous les domaines (nervosité, consommation, bruit, pollution), et les performances annoncées par les constructeurs de voitures hybrides – qui n'ont rien de révolutionnaire – vont rendre très difficile la percée des technologies vraiment « innovantes » des piles à combustible.

Le constat est analogue dans l'industrie aéronautique. Certes, le développement des réacteurs pendant la Seconde Guerre mondiale a révolutionné le transport aérien. Depuis, les progrès ont été considérables, mais sans révolution. La seule qui ait été tentée, celle du vol supersonique avec le Concorde, s'est traduite par un succès technique incontesté mais un échec commercial non moins flagrant. Les raisons : Concorde ne répondait pas à un besoin majeur, et les avions subsoniques ont grandement amélioré leurs performances, du Boeing 707 au Boeing 747, de la Caravelle aux Airbus.

Il arrive parfois qu'une technologie nouvelle, dont on pensait qu'elle allait détrôner l'ancienne, trouve sa place à ses côtés. On a pu penser, par exemple, que l'arrivée des satellites de communication allait sonner le glas des câbles transatlantiques : il n'en a rien été, contrairement à toutes les prévisions.

Comparaison n'est pas raison. Mais on peut essayer de tirer quelques enseignements des réussites et des échecs passés ; sans outrecuidance, car le risque de se tromper existera toujours.

Une première condition pour qu'une « révolution » technologique s'impose – au-delà de sa réussite technique – est qu'elle réponde à un besoin. Nous verrons au chapitre suivant à quels besoins pourraient répondre les réacteurs dits de « quatrième génération ». Une deuxième condition est que la technologie qu'elle vise à remplacer soit elle-même à bout de souffle. Il faut enfin examiner l'éventualité que les deux technologies, l'ancienne et la nouvelle, au lieu de s'exclure, se confortent mutuellement ou, simplement, coexistent pacifiquement parce qu'elles répondent à des besoins différents ou complémentaires.

Comment se situe le projet EPR dans cette problématique, si l'on en croit ses promoteurs ?

EPR revendique la double filiation des réacteurs à eau allemands et français et s'appuie sur les arbitrages faits au sein du projet, fondés sur l'expérience de ces deux « pères » et sur l'amélioration des connaissances, notamment celles relatives au déroulement des accidents. C'est ainsi que les progrès annoncés en matière de disponibilité sont gagés par une architecture qui permet de faire l'essentiel de la maintenance sur les circuits de sûreté pendant que le réacteur est en marche, comme dans les réacteurs allemands. Que la résistance du réacteur aux agressions externes (chute d'avion par exemple) est calquée également sur ce qui a été fait sur les réacteurs allemands les plus récents. Mais que les choix faits en matière d'architecture de l'ensemble de la chaîne de chargement-déchargement du combustible sont directement dérivés de l'expérience française et les moyens prévus pour limiter les conséquences d'un accident de fusion du cœur découlent des programmes d'essais réalisés dans les deux pays.

Très globalement, le projet EPR revendique des progrès sensibles en matière de sûreté. Outre une meilleure protection contre les chutes d'avion, le gain le plus notable est au niveau des conséquences possibles d'un accident ayant entraîné la fusion du cœur : les rejets de produits radioactifs seraient réduits d'un facteur 10 par rapport aux réacteurs existants dits de « deuxième génération », et aucune évacuation de longue durée de population au voisinage de la centrale ne serait nécessaire. Le projet répond ainsi au cahier des charges imposé en 1995 par les autorités de sûreté allemande et française, relayé par le cahier des charges de l'ensemble des électriciens européens (EUR).

Le projet EPR annonce également des progrès significatifs en matière de performances économiques. En gros, 10 à 15 % de consommation d'uranium et de production de déchets à vie longue en moins, et un coût de kWh environ 10 % plus bas que pour les réacteurs actuels. Ces progrès viennent s'ajouter à ceux qui ont été engrangés au fil des ans sur les réacteurs actuels, notamment en matière de coûts d'exploitation et de coûts des combustibles. EPR, comme ses concurrents américain, japonais et russe, est souvent présenté comme un réacteur de « troisième génération ».

Les Finlandais, qui ont décidé en 2003 de construire une nouvelle centrale nucléaire, ont mis en concurrence EPR avec les projets équivalents américain et russe. Ils ont choisi EPR, donnant à ce projet un gage international essentiel.

Les progrès annoncés par les promoteurs d'EPR sont plausibles, car ils sont étayés par une solide expérience.

Ils sont du même ordre de grandeur, en matière de sûreté, que ceux qui ont permis le développement du transport aérien et, en matière d'économie, que ceux qui ont permis à Airbus Industrie de prendre des parts de marché importantes à Boeing et de lancer l'A380, et que ceux annoncés par Boeing avec son nouveau projet 7E7. On peut difficilement affirmer que la technologie des réacteurs à eau est à bout de souffle.

Les arguments d'obsolescence reposent sur l'affirmation que les réacteurs dits de « quatrième génération » feront beaucoup mieux qu'EPR : ils seraient plus sûrs, moins chers, feraient moins de déchets et permettraient de brûler l'uranium 238 qui représente plus de 99 % de l'uranium naturel.

Arguments étonnants sous la plume de ceux, opposés au nucléaire, qui ont tout fait pour empêcher l'acquisition d'expérience dans Superphénix, réacteur de quatrième génération en avance sur son temps, et qui sont tout aussi opposés à l'utilisation du plutonium, consubstantiel aux réacteurs de quatrième génération comme nous le verrons. Arguments de circonstance...

Arguments plus compréhensibles de la part de ceux qui ont pour ambition de voir aboutir les réacteurs de quatrième génération. Le renouvellement du parc nucléaire existant avec de nouveaux réacteurs à eau ne risque-t-il pas de repousser aux calendes grecques la quatrième génération ?

Enfin, il y a eu pendant longtemps, au sein même des producteurs d'électricité nucléaire, la hantise que l'arrivée d'un nouveau produit tel que l'EPR, donné comme plus sûr, n'accélère l'obsolescence et la mise au rancart des réacteurs existants alors qu'ils assurent l'essentiel de leurs revenus. Il était alors tentant de minimiser les progrès escomptés et de faire la fine bouche.

Obsolète, EPR ? Sans doute aussi ringard qu'Airbus, que les moteurs diesel à injection directe et que le TGV ! Mais « ringard » ou pas, le projet EPR a été retenu par les électriciens finlandais pour leur futur réacteur qui va leur permettre de rester compétitifs pour leur production de pâte à papier. Ce n'est déjà pas si mal. Et il doit permettre d'assurer, dans de bonnes conditions, le renouvellement des réacteurs qui produisent aujourd'hui près de 80 % de l'électricité française.

CHAPITRE 16

ATTENDRE LA QUATRIÈME GÉNÉRATION ?

Une question revient souvent dans les débats : pourquoi ne pas attendre les réacteurs de quatrième génération pour remplacer les réacteurs actuels ?

Mais d'abord, qu'est-ce qu'un réacteur de quatrième génération ? Les amateurs de sémantique répondront que ce sont ceux qui viendront après ceux de la troisième génération, tout comme les réacteurs à eau actuels (dits de deuxième génération), ont succédé aux réacteurs de première génération des années 1960. On ne peut pas plus sauter une génération qu'un projectile ne peut dévier de sa trajectoire (malgré l'utilisation abusive de cette expression lorsqu'une fusée s'écarte de la trajectoire *prévue*).

Mais encore ?

Un peu d'histoire du nucléaire nous apprend que la deuxième génération a éliminé la première par un processus de sélection naturelle, fondé essentiellement sur l'économie.

Dans un seul cas, celui de la Grande-Bretagne (qui ne fait jamais rien comme les autres), des réacteurs de première génération poursuivent encore leur carrière. Partout ailleurs, les réacteurs de première génération ont été arrêtés parce que les réacteurs à eau produisaient une électricité beaucoup moins chère.

Les réacteurs de troisième génération (l'EPR et ses équivalents américains, japonais et russes) marquent un progrès réel mais cependant limité, comme on a pu le voir au chapitre précédent. Au point qu'ils ne devraient pas supplanter rapidement la deuxième génération mais plutôt coexister avec elle, les réacteurs de deuxième génération étant maintenus en service tant qu'ils seront en mesure de le faire de façon sûre et économique.

Produisant un kWh compétitif avec les meilleures énergies fossiles, ne rejetant pas de gaz à effet de serre, ils sont bien adaptés aux besoins de production d'électricité, du moins tant que celle-ci reste modérée[1]. Mais ils n'utilisent que 1 % de l'uranium naturel, ce qui les rendrait inadaptés à une très forte augmentation de la production d'électricité nucléaire. Les réacteurs de quatrième génération ont pour ambition d'aller plus loin. Les besoins d'électricité – et de chaleur à haute température – augmenteraient très fortement dans un scénario de remplacement, même partiel, du pétrole par l'électricité ou l'hydrogène dans le domaine des transports individuels et collectifs. Ils augmenteraient également s'il fallait dessaler de grandes

---

1. La production d'électricité nucléaire, 2 500 TWh, représente environ 20 % de la production d'électricité mondiale. Les réacteurs à eau permettraient de maintenir cette proportion même pour un doublement de la demande mondiale d'électricité (prévu d'ici 2050 par la plupart des scénarios), mais guère plus.

quantités d'eau de mer pour faire face aux besoins en eau douce. Les ressources en uranium devraient alors être beaucoup mieux utilisées qu'aujourd'hui pour faire face à ces besoins. C'est le premier objectif qui est fixé aux réacteurs de quatrième génération.

Une très forte augmentation de l'énergie nucléaire aurait aussi comme conséquence d'augmenter les quantités de déchets nucléaires, notamment les radionucléides à vie longue. Un deuxième objectif fixé aux réacteurs de quatrième génération est de limiter les quantités et le dégagement de chaleur des radionucléides à stocker, soit en en détruisant une partie, soit en réduisant les quantités produites.

Il se trouve que ces deux objectifs mobilisent les mêmes technologies. Soit on utilise l'uranium et on construit des réacteurs à neutrons rapides, dans lesquels tous les atomes lourds sont fissiles : ceci permet d'utiliser dans de bonnes conditions le plutonium produit par capture de neutrons dans l'uranium 238, et de détruire de façon assez efficace des radionucléides tels que l'américium qui contribue de façon importante au dégagement de chaleur dans les déchets. Soit on utilise le thorium, ce qui nécessite de disposer d'uranium 235 ou de plutonium pour amorcer le système, mais permet ensuite de limiter fortement la production d'atomes lourds.

Lorsqu'on parle de quatrième génération, on ne parle pas que des réacteurs. À l'évidence, la manipulation de grandes quantités de plutonium, le tri poussé des radionucléides pour les recycler et en détruire une partie, le changement éventuel de l'uranium vers le thorium nécessitent de repenser la totalité des cycles des combustibles (fabrication, retraitement, gestion des déchets) : il s'agit bien de développer de nouveaux *systèmes*, intégrant les réacteurs, les différentes usines et les entreposages liés au combustible, ainsi que les stockages des déchets.

Six concepts ont été sélectionnés par un panel international d'experts. Quatre de ces concepts utilisent des réacteurs à neutrons rapides[2] à base d'uranium[3], et un le concept de réacteur thermique à base de thorium, dont le combustible est un sel fondu. Un seul concept échappe à la logique décrite plus haut : il s'agit du réacteur à très haute température, retenu en vertu de son intérêt éventuel pour les procédés thermochimiques de production d'hydrogène.

Peu de ces concepts sont vraiment nouveaux. Tous ont fait l'objet d'études souvent très poussées dans les années 1950 et 1960, allant parfois jusqu'à la construction d'installations pilotes. Deux d'entre eux, les réacteurs à neutrons rapides refroidis au sodium et les réacteurs à haute température refroidis à l'hélium, ont donné lieu à des réalisations industrielles qui ont apporté de nombreux enseignements. Mais tous, à l'exception du rapide-sodium, ont été abandonnés à la suite soit de difficultés d'ordre technologique,

---

2. Les neutrons produits par la fission d'un atome lourd ont une énergie élevée. Dans les réacteurs qui contiennent des atomes légers tels que l'hydrogène de l'eau, ou le carbone du graphite, les neutrons sont ralentis par des chocs successifs sur ces atomes et se mettent en équilibre thermique avec eux, d'où le nom de réacteurs à neutrons thermiques. Lorsqu'il n'y a pas d'atomes légers, toutes les réactions nucléaires se produisent à une énergie élevée. Les réacteurs sont alors dits à « neutrons rapides ». Dans les réacteurs thermiques, seuls les isotopes 233 et 235 de l'uranium, 239 et 241 du plutonium sont fissiles. Dans les réacteurs à neutrons rapides, pratiquement tous les atomes lourds sont fissiles, notamment les isotopes pairs du plutonium et les isotopes de l'américium.
3. Avec comme fluide de refroidissement respectivement : le sodium, le plomb, l'eau supercritique et l'hélium.

soit parce que les réacteurs à eau se sont révélés plus simples et moins chers. L'amélioration des connaissances, les progrès réalisés en matière de matériaux, la poursuite de nouveaux objectifs justifient qu'on leur donne une deuxième chance. Mais il est peu vraisemblable qu'ils s'imposent face aux réacteurs à eau pour la seule production de kWh compétitifs. Ni même qu'ils marquent des progrès mesurables et démontrables en matière de sûreté, compte tenu des progrès réalisés depuis 25 ans par les réacteurs à eau dans ces domaines.

Dès lors, deux questions cruciales vont se poser aux cours des 10 à 20 ans à venir :

– les réacteurs de quatrième génération seront-ils appelés à remplacer les réacteurs à eau de troisième génération, ou à venir s'ajouter à eux pour répondre à d'autres besoins ?

– comment choisir, et sur quels critères, tel ou tel concept parmi les six qui ont été sélectionnés ?

L'hypothèse de complémentarité paraît la plus vraisemblable, à la fois pour les raisons économiques évoquées plus haut et parce que le développement rapide de l'énergie nucléaire nécessite de disposer de grandes quantités de plutonium pour alimenter les réacteurs de quatrième génération que seuls les réacteurs à eau sont à même de produire. Le slogan parfois mis en avant par les fervents de la quatrième génération, « plus simple, plus sûr, moins cher », a bien peu de chances de correspondre à la dure réalité technique.

Le choix entre les différents concepts pourrait théoriquement se faire en déterminant un « ordre de mérite » des coûts, intégrant toute la chaîne depuis les ressources jusqu'aux déchets ultimes, pondéré par une évaluation des efforts de recherche et développement à faire pour aboutir. Ordre de mérite qui ne sera d'ailleurs pas forcément le même pour les différents organismes de recherche, constructeurs, donneurs d'ordre et responsables politiques.

Aujourd'hui, les réacteurs à haute température intéressent particulièrement les principaux acteurs français et japonais, ces derniers maintenant leur intérêt pour les réacteurs rapides au sodium. Il se trouve que ce sont également les deux concepts qui ont acquis la plus grande expérience industrielle, dont les combustibles sont le mieux connus et qui exigent le moins de développements nouveaux.

Faut-il alors d'ores et déjà repousser les autres concepts – notamment le système thorium – vers une éventuelle cinquième génération qui attendrait la fin du siècle ? Le panel international ne l'a pas pensé. Mais ce choix, ou plutôt ce refus d'un choix jugé prématuré, a pour corollaire de chercher à amener les autres concepts, vraiment révolutionnaires, à des niveaux de connaissance suffisants pour leur permettre de se comparer avec quelque crédibilité aux deux premiers cités.

Attendre la quatrième génération ? Cela paraît bien risqué et totalement incohérent avec les objectifs assignés aujourd'hui aux concepts étudiés. Ceux-ci, de toute évidence, correspondent à une vision de fort développement du nucléaire et de complémentarité durable avec les réacteurs à eau de troisième génération. Le calendrier de leur développement dépendra sans doute de l'urgence des besoins, mais compter dessus à échéance de 15 à 20 ans serait une utopie. En outre, si le choix d'un (ou deux) concept devait être fait rapidement, cela repousserait certainement tous les autres aux calendes grecques. Ce serait un choix possible : c'est de fait celui qui avait été fait dans les années 1960-1970 par la France avec la filière rapide-sodium. Est-on prêt à relancer rapidement ce programme ?

CHAPITRE 17

DISCRIMINATION POSITIVE ?

Dans les débats sur l'énergie, chacun des acteurs a souvent tendance à croire que la voie qu'il défend est mal traitée et que les autres font l'objet de « discrimination positive ». Le nucléaire est accusé de bénéficier de subventions déguisées, les énergies renouvelables de subventions bien réelles, les énergies fossiles de tout faire pour échapper aux coûts externes (taxes sur les gaz à effet de serre).

Quatre questions reviennent plus particulièrement et méritent que l'on s'y arrête un moment.

Le nucléaire prend-il en charge le risque financier lié à un accident grave ?

À l'origine de cette question, il y a le fait que la responsabilité civile d'un exploitant nucléaire est plafonnée à quelque 700 millions d'euros. Aux États-Unis, c'est une loi, le *Price-Anderson Act*, qui fixe le plafond ; ailleurs, notamment en Europe, ce sont des conventions internationales[1].

Pour les tenants du libéralisme économique pur et dur, un tel plafonnement d'une part est contraire aux bonnes mœurs économiques, d'autre part avantage le nucléaire par rapport aux autres énergies. Il n'y a qu'un pas, que certains franchissent, pour affirmer que le nucléaire ne peut vivre sans l'intervention de l'État, que celle-ci est contraire au dogme libéral, *ergo*, que le nucléaire est condamnable.

Pour les écologistes politiques, ce plafonnement est l'aveu que les conséquences d'un accident seraient tellement élevées que seule la solidarité nationale, voire internationale, pourrait les prendre en charge. Ils citent volontiers des chiffres astronomiques pour les conséquences de Tchernobyl (un jour 100 milliards d'euros, un autre 200 milliards) et en tirent logiquement la conclusion qu'il est urgent d'arrêter le nucléaire.

On assiste à une de ces alliances improbables évoquées dans le prologue, d'autant plus improbable que les économistes libéraux sont évidemment opposés aux subventions réclamées par les écologistes pour les énergies renouvelables.

Ces analyses sont l'une et l'autre un peu courtes.

---

1. La première de ces conventions remonte à 1960, la plus récente est entrée en vigueur en 2002. Ces conventions, outre la responsabilité de l'exploitant, fixent celle du pays dans lequel se trouverait l'installation accidentée puis celle de l'ensemble des pays signataires. Il faut noter aussi que la responsabilité civile de l'exploitant est toujours engagée, quelle que soit la cause de l'accident (y compris une catastrophe naturelle ou un attentat), contrairement à ce qui se passe pour les autres activités industrielles.

Dans un réacteur de type EPR, les conséquences d'un accident avec fusion du cœur seraient très limitées par l'ensemble des dispositions adoptées à la conception. Elles sont estimées à un pour mille de celles de Tchernobyl. Dans l'évaluation économique, il faut remplacer les milliards par les millions. De fait, l'essentiel du coût d'un tel accident serait lié à la mise hors service, puis au nettoyage et au démantèlement de l'installation, donc très comparable à ce qui s'est passé à Three Mile Island aux États-Unis en 1979. Coût suffisamment élevé pour que l'exploitant fasse tout pour l'éviter, mais sans commune mesure avec les chiffres cités plus haut. Pour les réacteurs de deuxième génération aujourd'hui en service, les conséquences externes d'un accident avec fusion du cœur pourraient atteindre, dans certains cas défavorables, 1 % de celles de Tchernobyl. C'est beaucoup, mais reste gérable financièrement.

Le plafonnement des risques pour l'exploitant nucléaire est-il vraiment une exception ? À première vue, on pourrait le penser. Mais cela mérite un examen plus attentif.

Lorsque l'*Erika* ou le *Prestige* vont par le fond et que le pétrole salit des centaines de kilomètres de côtes, les indemnités sont assurées par un fonds maritime international. Certes, des plaintes peuvent être déposées et les tribunaux accorder des dommages et intérêts, mais, à l'exception de l'*Exxon Waldez* brisé sur les côtes de l'Alaska, les indemnités accordées ont toujours été très limitées. Plus grave, l'industrie pétrolière a toujours su brouiller les cartes, les responsabilités étant réparties entre de très nombreux intervenants, contrairement à ce qui est, à juste titre, la règle dans l'industrie nucléaire.

Le transport du gaz naturel liquéfié présente lui aussi des risques énormes. Lorsque le projet de centrale nucléaire de Gravelines a été engagé dans les années 1970, il était question de créer un terminal méthanier à Dunkerque, à une dizaine de kilomètres du site de la centrale. L'autorité de sûreté a exigé que le projet de centrale prenne en compte le risque d'explosion d'un nuage de gaz en provenance d'un méthanier accidenté. La description de l'accident possible était dantesque. Récemment, un article d'un quotidien du soir faisait état des piratages de navires dans le détroit de Malacca et évoquait le risque qu'un méthanier soit pris en otage par des terroristes et lancé en pilotage automatique en direction de Singapour. A-t-on jamais évoqué les primes d'assurance associées à de tels risques ?

Les exploitants de grands barrages ne sont pas plus assurés contre les risques de rupture. Le barrage de Monteynard, à 30 kilomètres en amont de Grenoble, submergerait une bonne partie de la ville avant que les moindres secours ne puissent s'organiser. La situation serait-elle meilleure à Lyon si le barrage de Vouglans, sur l'Ain, venait à s'effacer complètement ? Heureusement, ce type de catastrophe est jugé suffisamment invraisemblable, compte tenu de toutes les mesures prises pour assurer la bonne tenue de ces barrages, pour ne pas avoir à être pris en compte par les assurances.

Ces quelques exemples montrent bien que le plafonnement des risques assumés par un exploitant, s'il est formellement défini dans le cas du nucléaire, existe de fait dans de nombreux autres secteurs de l'énergie, sans parler des industries chimiques.

Recherche sur le nucléaire ou sur les énergies renouvelables ?

Cette question est récurrente. Souvent posée par les écologistes (sur un mode plus affirmatif qu'interrogatif) lors du « Débat national » sur les énergies, elle vient de l'être à nouveau par Greenpeace à propos du projet ITER[2], réacteur expérimental de fusion nucléaire.

Il n'est pas contestable qu'en France le nucléaire civil a bénéficié de fonds publics très importants : rien que pour soutenir le programme de réacteurs à eau, le CEA a reçu 9 milliards d'euros au cours des 25 dernières années[3]. À ces sommes à la charge du contribuable, il faut ajouter les dépenses d'EDF et des industriels, mais celles-ci ont été incorporées au fur et à mesure dans les factures d'électricité à travers le prix du kWh.

Peut-on pour autant affirmer que ces sommes auraient permis des progrès plus rapides dans le développement des énergies renouvelables ? On affirme volontiers que les Français sont les plus intelligents du monde, mais ils ne sont pas seuls. Les Américains ont dépensé des milliards de dollars sur les énergies renouvelables, les Japonais et les Allemands aussi, mais ces efforts n'ont pas suffi à rendre ces énergies compétitives. Les progrès réalisés ces dix dernières années sur l'éolien tiennent plus à son industrialisation, notamment au Danemark et en Allemagne, qu'à la recherche. Cette énergie renouvelable, la plus développée

---

2. ITER : International Thermonuclear Experimental Reactor.
3. 15 milliards d'euros si on compte toutes les subventions au nucléaire civil.

dans le monde après l'énergie hydraulique, reste environ deux fois plus chère que les énergies thermiques, pour un service rendu plus faible : le programme de 17 000 MW d'éoliennes prévu en France d'ici 2015 coûtera 15 à 20 milliards d'euros en investissement et nettement plus au consommateur d'électricité, compte tenu des tarifs de rachat de l'électricité produite (80 à 130 €/MWh contre 10 pour le nucléaire ou l'hydraulique auxquels elle se substitue).

Un investissement pénalisant ?

Certainement pas si l'on compare les coûts de production de l'électricité en Europe. Les coûts français sont parmi les plus bas, près de 20 % en dessous de la moyenne, ce qui représente une économie annuelle de 2 à 3 milliards d'euros. Sur ce simple critère, les dépenses de recherche et développement sont amorties depuis longtemps. Les centrales nucléaires évitent de rejeter des quantités considérables de CO_2 dans l'atmosphère, environ 70 millions de tonnes de carbone contenu (tC) chaque année : valorisé à 20 € par tC[4], cela représente 1,4 milliard d'euros par an. Autrement dit, la réduction des rejets de CO_2, qui permet à la France d'être le meilleur élève de l'Europe dans ce domaine, a d'ores et déjà largement payé à elle seule toutes les dépenses de recherche et développement de la filière nucléaire des réacteurs à eau. En prime, le bénéfice

---

4. Valeur considérée comme raisonnable dans le contexte du Protocole de Kyoto actuel, mais qui risque d'augmenter par la suite. Le Rapport Charpin, Dessus, Pellat (juillet 2000) adopte une fourchette 15-60 €/tC, les coûts de référence 2003 du ministère de l'Industrie une fourchette 4-50 €/tC, tout en précisant que 4 est très peu probable.

pour la balance extérieure des paiements est encore plus spectaculaire : l'importation des combustibles fossiles qui auraient été nécessaires pour remplacer les centrales nucléaires (100 millions de tonnes de charbon ou 70 millions de tonnes de pétrole) aurait coûté chaque année des milliards de dollars en devises, alors que l'exportation de 70 milliards de kWh rapporte annuellement 2 milliards d'euros.

Globalement, le bénéfice pour l'économie française est tel que 25 années de dépenses publiques de recherche et développement sont pratiquement amorties en 1 ou 2 ans.

Le nucléaire pénalisé par ses contraintes ?

On entend parfois des partisans du nucléaire se plaindre du « toujours plus » imposé par l'autorité de sûreté française et les autorités de nombreux pays européens, tant en matière de sûreté que d'autorisations de rejets radioactifs et de gestion des déchets nucléaires. Ont-ils raison ?

Il est vrai qu'en Europe, la démarche adoptée en matière de *sûreté* est celle d'un progrès permanent, qui se traduit par un renforcement des dispositions prises à l'occasion de chacune des révisions décennales des réacteurs en service, et par des exigences plus sévères pour chaque nouveau projet. Cela a été notamment le cas pour le projet EPR, les autorités de sûreté allemande et française ayant « recommandé » en 1995 qu'il n'y ait aucune conséquence durable d'un accident grave à l'extérieur du site et, simultanément, que la protection contre les chutes d'avion soit renforcée. Faut-il s'en plaindre aujourd'hui ? Je ne le pense pas, au vu de la discussion ci-dessus sur les conséquences financières d'un accident et des craintes qu'a fait naître l'attentat du 11 septembre 2001. Ce renforcement de la sûreté a probablement été un élément déterminant dans la décision des Finlandais de mettre le projet EPR en tête de liste dans leur évaluation des offres pour leur cinquième réacteur.

En matière de *rejets radioactifs,* les quantités rejetées, aussi bien par les centrales que par l'usine de La Hague, sont très largement inférieures aux autorisations, et l'autorité de sûreté en tire argument pour réduire les valeurs autorisées. C'est une mesure qui ne coûte rien, et qui est censée améliorer l'acceptation par les populations environnantes. Mais ne va-t-elle pas en sens contraire renforcer la conviction que toute radioactivité est dangereuse, aussi faible que soit son niveau[5] ?

Les *déchets nucléaires,* enfin, même très faiblement radioactifs ou simplement parce qu'ils viennent d'un site nucléaire, devront être stockés sur des sites spécialement aménagés et contrôlés. Il s'agit, là aussi, de rassurer : des produits radioactifs ne risqueront pas d'être disséminés sans aucun contrôle, ce qui doit rassurer le citoyen. C'est une mesure probablement nécessaire pour que le nucléaire soit accepté. Mais cela constitue à coup sûr une « discrimination négative » à l'égard de cette énergie, car l'on prend infiniment moins de précautions pour confiner les déchets potentiellement dangereux des autres énergies (on pense notamment aux métaux lourds contenus dans les cendres du charbon ou dans les résidus pétroliers).

---

5. La radioactivité étant omniprésente, et notamment dans le charbon, des valeurs autorisées de rejet très basses pourraient-elles un jour s'appliquer aux centrales brûlant du charbon ?

En définitive, on le voit, le nucléaire français a moins bénéficié d'une « discrimination positive » de caractère économique que d'un soutien politique sans faille qui lui a assuré la stabilité nécessaire à tout projet de longue durée.

Les énergies éolienne et solaire bénéficient, elles, d'une «discrimination positive » sous forme d'obligation de rachat de leurs productions à un prix largement supérieur à leurs valeurs. Cette discrimination positive leur est indispensable dès lors qu'il y a une volonté, politique là aussi, de les voir se développer. Elle n'est pas condamnable en soi.

Mais, de fait, ce sont les énergies fossiles – charbon, pétrole et gaz naturel – qui bénéficient de la plus forte « discrimination positive » tant que les dispositions du Protocole de Kyoto introduisant le coût des gaz à effet de serre rejetés, notamment du CO_2, ne sont pas appliquées.

CHAPITRE 18

VOUS AVEZ DIT « ÉTHIQUE » ?

Il n'est pas surprenant que l'éthique trouve sa place dans les actions conduites par l'homme pour assurer ses besoins en énergie et préserver son environnement. Encore faut-il définir les devoirs à respecter et le (ou les) bien(s) à atteindre. C'est là que commencent les difficultés. Car chacun revendique « son » éthique, un peu à la manière des fanatiques des guerres de religion ou du fameux « *Gott mit uns* » des années 1930 et 1940.

Une des formulations contemporaines de l'éthique dans le domaine de l'énergie est celle du *développement durable*. Une autre est celle du *principe de précaution*. Il est intéressant de regarder comment ces notions sont utilisées dans les débats sur l'énergie.

On entend souvent par *développement durable* le fait de satisfaire nos propres besoins tout en léguant aux générations futures une planète en état de faire face à leurs besoins.

J'ai eu le malheur, dans un rapport préparé pour l'Académie des technologies, d'utiliser l'expression « *développement durable du nucléaire* » pour caractériser des voies de développement valorisant l'uranium 238 dans des réacteurs à neutrons rapides (*cf.* chapitre 15). Double sacrilège : d'une part les besoins ne seraient assurés *que* pour quelques milliers d'années ; d'autre part un tel développement léguerait des déchets radioactifs à vie longue jusqu'à la fin des temps, legs peu compatible avec le « bien » que l'éthique et la morale nous demandent de poursuivre.

Curieusement, ces mêmes esprits critiques ne se manifestent guère à propos de l'utilisation sans frein du pétrole ou du gaz naturel, alors qu'en l'espace de quelques générations nous aurons épuisé des ressources que la nature a mis des dizaines de millions d'années à accumuler. Il ne s'agit pas ici de milliers d'années mais du XXIe siècle : nous sommes en train de priver de pétrole et de gaz nos propres enfants et petits-enfants.

Ces esprits critiques ne se manifestent que modérément face aux risques climatiques que fait courir l'accumulation dans l'atmosphère de gaz à effet de serre (gaz carbonique provenant des combustibles fossiles (charbon, pétrole, gaz naturel) et méthane provenant de l'agriculture et de l'élevage).

Certes, les économies d'énergie et le développement des énergies renouvelables sont présentés comme les vrais, et par certains comme les seuls, moyens d'assurer un développement durable. Mais, confrontés aux dures réalités des ordres de grandeur – en dehors de l'hydraulique, les contributions possibles des énergies renouvelables sont limitées soit par leur nature (l'éolien), soit par leur coût (le solaire) –, la plupart des observateurs prennent leur parti des énergies fossiles et de leur quasi inévitable corollaire, les rejets de gaz carbonique. On peut craindre que les objectifs très ambitieux affichés par certains, comme la réduction d'un « facteur 4 » des émissions de gaz carbonique en France d'ici 2050 annoncée dans le *Livre blanc sur l'énergie* et repris dans la loi d'orientation sur l'énergie de 2005 ne reposent sur aucune stratégie crédible.

Le *principe de précaution*, tel qu'énoncé dans la loi sur l'air de 1995 (dite loi Barnier) ou dans la charte de l'environnement adossée à la Constitution, dit qu'il ne faut pas attendre d'avoir des certitudes pour agir face à un risque présumé dont les conséquences pourraient s'avérer « graves et irréversibles », même si ce risque n'est pas totalement démontré.

Le risque climatique lié aux rejets de gaz à effet de serre est pratiquement un cas d'école pour l'application de ce principe. Ce risque est fortement présumé, mais il n'est pas scientifiquement démontré, même si des modèles climatiques de plus en plus sophistiqués rendent de mieux en mieux compte des observations passées et acquièrent ainsi de la crédibilité. Or les prévisions fondées sur ces modèles, entre 1,5 et 6 °C de hausse moyenne des températures d'ici la fin du siècle, sont porteuses de risques climatiques très importants[1].

---

1. Encore faut-il noter que cette fourchette très large traduit en fait à parts sensiblement égales deux incertitudes : celle sur les rejets futurs de gaz à effet de serre, qui dépendront de nos comportements, et celle des conséquences de ces rejets sur l'effet de serre. Pour une valeur moyenne des rejets, l'incertitude liée aux seuls modèles climatiques est deux fois plus faible.

Que certains lobbies contestent ces études, on doit s'y attendre. Les industries charbonnières sont particulièrement sur la sellette, car la combustion du charbon pour la production d'électricité est un des principaux responsables des émissions de gaz carbonique : on conçoit que des pays comme les États-Unis et la Chine, voire le Danemark ou l'Allemagne, très dépendants du charbon, jouent ce jeu. Certains responsables russes poussent leur gouvernement à ne pas ratifier le Protocole de Kyoto, car celui-ci, s'il prenait force de traité international, pourrait gêner le développement des ventes russes de pétrole et de gaz. On peut également comprendre une telle attitude, ce qui ne veut pas dire l'admettre.

En revanche, il est surprenant, pour ne pas dire scandaleux, que les milieux « bien-pensants » en matière d'environnement – on pense tout naturellement à Greenpeace ou à certains anciens ministres français de l'Environnement – soient étrangement silencieux sur les problèmes d'éthique soulevés par de tels comportements.

En bref, le *concept de développement durable* et le *principe de précaution,* notions *a priori* respectables et qui traduisent bien certaines considérations éthiques appliquées au domaine de l'énergie, sont, comme la langue d'Ésope, porteurs du meilleur comme du pire[2]. Il n'existe pas, dans le domaine de l'énergie, de « comité d'éthique » comme il

---

2. Les Académies des sciences et de médecine ont vigoureusement rappelé les risques que ferait courir à la recherche scientifique et à la santé publique une mauvaise interprétation du principe de précaution, malheureusement trop fréquente dans le public et souvent relayée par les médias : ne rien entreprendre avant d'avoir démontré l'absence totale de risque, ou plus simplement « dans le doute, abstiens-toi ». Les « travaux pratiques de la charte de l'environnement », organisés par madame le député Kosciusko-Morizet au printemps 2004, ont confirmé s'il le fallait ce risque de dérapage.

en existe en médecine ou en biologie qui, à défaut de détenir *la* vérité, veillerait à ce que les différents points de vue s'expriment en toute clarté. Dans un domaine où les passions – pour certains – et les intérêts économiques – pour d'autres – ont tendance à obscurcir les débats, tout en se donnant bonne conscience[3], par un détournement des mots et des concepts, on ne peut que le regretter.

____

3. Dans sa publicité, Shell se présente comme plus vert que vert. Les autres pétroliers et gaziers sont un peu plus discrets, mais la tendance est la même.

CHAPITRE 19

LA SOLIDARITÉ NORD-SUD EST-ELLE POSSIBLE ?

Une autre composante de l'éthique telle que définie au chapitre précédent est de favoriser l'accès à l'énergie pour les plus démunis : il y a là un devoir d'équité et de solidarité.

Quelle est la situation actuelle dans le monde ?

Un milliard d'hommes dans les pays riches consomment les deux tiers de l'énergie, les cinq autres milliards se partageant le tiers restant. Chaque habitant des pays riches consomme en moyenne cinq fois plus d'énergie qu'un habitant des pays pauvres. Mais, en fait, l'écart entre les pays les plus consommateurs et les pays les plus démunis est supérieur à un facteur 10. La différence est encore plus marquée pour l'électricité, un tiers de la population mondiale (2 milliards) ne disposant d'aucune électricité.

Cette situation a des conséquences graves, les plus visibles étant d'ordre sanitaire : de nombreuses études ont montré que le manque d'énergie (moins de 1 à 2 tonnes d'équivalent pétrole par habitant et par an) s'accompagnait d'une forte augmentation de la mortalité infantile et d'une forte diminution de l'espérance de vie. La cause en est moins la faiblesse de la ressource individuelle que celle de la ressource collective, nécessaire pour assurer un minimum d'infrastructures (eau potable, éducation, hôpitaux...). Les conséquences environnementales peuvent être tout aussi catastrophiques, le manque de ressources conduisant à une surexploitation des forêts ou de ce qui en reste et, *in fine*, à une désertification : ce phénomène est effectivement observé dans de nombreuses régions en Inde, en Afrique, au Sahel.

Au cours de mes nombreux débats, je n'ai trouvé personne pour contester ce constat, même si quelques-uns ont pu ajouter, à juste titre, que des écarts presque aussi importants pouvaient être observés à l'intérieur même des pays riches entre les nantis et les plus démunis, et même si des voix comme celle du prix Nobel indien d'économie, Amartya Sen[1], ont souligné que l'énergie n'était pas seule en cause.

En revanche, la règle quasi générale est, une fois le constat dressé, de s'en tenir là. Le constat et les conséquences à en tirer semblent être totalement découplés. Il faut reconnaître que les solutions possibles ne sont pas évidentes, surtout lorsque l'on tient compte de la nécessité probable de réduire les rejets de CO_2 et des sordides questions d'argent (« le cœur est à gauche, mais le portefeuille à droite »). Passons en revue les différentes énergies dans une perspective de réduction de la fracture Nord-Sud.

---

1. Sen, A., *Un nouveau modèle économique,* Odile Jacob, 2000.

Contrairement aux pays riches, les pays totalement démunis d'énergie ne disposent pas de « gisement d'économie d'énergie » ou « *négatep* ». Tout au plus ont-ils la possibilité de mieux utiliser l'énergie que nous ne le faisons, en profitant de nos erreurs pour ne pas les répéter, et en bénéficiant des technologies les plus récentes. L'enjeu est considérable, mais ne supprime pas le besoin de sources d'énergie nouvelles[2].

L'énergie *nucléaire*, telle qu'elle est exploitée industriellement aujourd'hui, n'est rentable que dans des unités de grande capacité, totalement inadaptées à des régions qui ne disposent pas de réseaux électriques conséquents. Elle nécessite en outre une infrastructure industrielle capable d'assurer la maintenance et l'exploitation, sauf à faire appel systématiquement à des techniciens étrangers. Seuls certains pays émergents – aujourd'hui la Chine, l'Inde, le Brésil, l'Argentine, l'Afrique du Sud, demain peut-être quelques autres – peuvent, au moins dans certaines régions, se tourner vers cette énergie. Cela représente déjà beaucoup de monde (près de la moitié de la population mondiale), mais ne peut être d'aucune aide pour les pays les plus démunis ne disposant d'aucune infrastructure.

Le *charbon* offre d'autres possibilités, à condition de mettre en œuvre les technologies les plus récentes pour supprimer les très fortes pollutions locales et régionales qui lui sont imputables (poussières, oxydes de soufre et d'azote à l'origine des pluies acides) et limiter les émissions de CO_2. Malheureusement, le charbon n'est pas

---

2. La situation est plus complexe dans un pays comme la Chine où coexistent à la fois des besoins immenses et de réelles possibilités d'économies d'énergie.

réparti de manière équitable : l'Inde et la Chine disposent de vastes réserves, mais de nombreux pays pauvres en sont dépourvus. En outre, le transport du charbon nécessite des infrastructures lourdes, portuaires et (ou) ferroviaires) et il est coûteux.

Le *pétrole* peut encore jouer un rôle important. Mais il est probable que la production mondiale de pétrole passera par un maximum au cours des prochaines décennies et amorcera ensuite une décroissance. Le déséquilibre prévisible entre l'offre et la demande laisse présager une augmentation de son prix, ce qui sera encore plus pénalisant pour les pays pauvres que pour les pays riches.

Le *gaz naturel* dispose de nombreux atouts. Il peut servir à de multiples usages (industrie, chauffage, production d'électricité...). Il est beaucoup plus propre que le charbon et le pétrole (ni poussières ni oxydes de soufre) et, à condition d'être utilisé dans des installations à haut rendement, il émet beaucoup moins de CO_2. Il est particulièrement bien adapté pour répondre aux besoins des mégapoles qui se développent dans le monde. En revanche, son transport entre les lieux de production et les lieux de consommation nécessite des investissements lourds qui ne sont pas à la portée des moyens des pays les plus pauvres.

Parmi les énergies renouvelables, il faut distinguer l'hydraulique, énergie concentrée, et les autres énergies, telles que l'éolien, le solaire, et la géothermie, énergies diffuses.

L'*hydraulique* – tout au moins ce qu'on a coutume d'appeler le grand hydraulique – nécessite, comme le nucléaire, des réseaux de transport de l'électricité d'autant plus importants que les ouvrages sont puissants. C'est la raison pour laquelle cette énergie s'est développée dans les pays industriels mais reste très limitée en Afrique où 10 % seulement du potentiel sont équipés.

Les *énergies renouvelables diffuses* présentent l'énorme avantage de pouvoir répondre à des besoins locaux, décentralisés, dépourvus de réseaux d'électricité. En outre, certaines régions bénéficient de conditions favorables à leur utilisation (vents réguliers, bon ensoleillement...). La principale difficulté vient du coût élevé de ces énergies, aggravé par leur caractère intermittent et la difficulté de stocker l'énergie qu'elles produisent lorsque c'est de l'électricité (cas de l'éolien et du solaire photovoltaïque).

Quand on tente de dresser un bilan, on constate qu'il est extrêmement difficile de concilier la croissance des pays pauvres, la limitation des émissions mondiales de CO_2 et l'économie. Les progrès technologiques et l'organisation des sociétés de ces pays peuvent faciliter les solutions, mais il n'en demeure pas moins que la seule voie possible semble être de combiner une très forte réduction des émissions de CO_2 dans les pays riches et une aide au développement des énergies les moins polluantes dans les pays pauvres.

Comment réduire les émissions de CO_2 dans les pays riches ?

Le premier moyen, le plus important, est d'inverser la tendance de la consommation d'énergie. Alors que celle-ci continue à croître de 1 % par an, tant en Amérique du Nord qu'en Europe, il faudrait qu'elle diminue au moins de 1 % par an pendant les 50 prochaines années. C'est là que le bât blesse, car un tel changement implique un changement total et de mentalité des citoyens et d'organisation de la société. Les Européens ont tendance à penser que ce sont les autres – les Américains – qui sont les grands responsables du gaspillage de l'énergie et qui doivent faire un effort ; les Américains font confiance aux progrès technologiques pour consommer moins tout en augmentant encore leur niveau de vie ; mais, globalement, la consommation d'énergie continue à augmenter pratiquement au même rythme des deux côtés de l'Atlantique nord. Faudra-t-il doubler ou tripler le prix de l'énergie pour inverser ces comportements ? Le problème devient politique et international, car on voit mal un gouvernement prendre seul une telle orientation.

Le deuxième moyen serait de faire massivement appel à l'énergie nucléaire pour la production d'électricité. On sait que ce choix, fait par la France dans les années 1970, lui a permis de réduire d'un quart ses émissions de CO_2 (et de diminuer les coûts de production de l'électricité). Les *Livre vert* européen et *Livre blanc* français sur l'énergie, ainsi que le Rapport Cheney au président américain affirment tous que l'énergie nucléaire est indispensable dans ce contexte. Mais une telle orientation se heurte encore à de fortes oppositions dans plusieurs pays.

Un troisième moyen est de remplacer le charbon et le pétrole par le gaz naturel, substitution qui se fait déjà spontanément dans le cas du charbon chaque fois que le gaz est disponible à bas prix, et qui a de fortes chances de se produire pour le pétrole lorsque celui-ci deviendra plus rare. Mais, à trop tirer sur le gaz, le risque est grand de voir son prix augmenter, ne serait-ce que du fait de l'éloignement des principales sources d'approvisionnement. De telles hausses handicaperaient fortement le développement des pays pauvres.

Restent les énergies renouvelables, fortement défendues par les organisations écologistes. L'énergie hydraulique est déjà largement mise à contribution (près de 90 % du potentiel en Europe de l'Ouest) dans les pays riches. Le potentiel de l'énergie éolienne est sensiblement plus faible. Seule l'énergie solaire (photovoltaïque) pourrait apporter une contribution massive, mais son coût, dix fois supérieur à celui des énergies classiques, la met hors course (en dehors d'utilisations ponctuelles dans des sites isolés) tant que des percées technologiques n'auront pas été effectuées.

En bref, il n'y a pas *une* solution miracle en vue pour réduire massivement les émissions de CO_2 dans les pays riches. Il faudra nécessairement faire appel à une combinaison de solutions portant à la fois sur la demande et sur les ressources (le « cocktail énergétique »).

L'indispensable solidarité internationale

Arrivé à ce stade dans les discussions, de nombreux interlocuteurs se sont élevés contre ce qu'ils ressentaient comme une tentative de les (de nous) culpabiliser vis-à-vis des pays pauvres. Certes, une démarche fondée sur l'éthique et sur l'équité peut donner cette impression et risque, de ce fait, d'être vouée à l'échec. Faut-il pour autant occulter ces aspects ? Je ne le crois pas, ne serait-ce que pour rappeler qu'ils existent et ont autant de poids que nombre d'autres considérations éthiques évoquées dans le débat sur l'énergie.

Mais l'on peut aussi considérer qu'il s'agit de l'intérêt bien compris des pays riches de permettre aux plus démunis de trouver des moyens d'existence décents dans leurs propres pays[3] tout en réduisant globalement les risques de dérèglement du climat. La discussion qui précède montre clairement qu'un ou plusieurs pays isolés ne peuvent rien faire seuls. Les conséquences économiques d'une forte augmentation du prix de l'énergie seraient insupportables. Les résultats en termes d'émissions de CO_2 seraient notoirement insuffisants, de même que les moyens disponibles pour aider les pays pauvres. Il est absolument nécessaire de négocier des accords internationaux définissant des règles du jeu communes, acceptables aussi bien par les pays riches que par les pays pauvres.

Le Protocole de Kyoto a précisément cette ambition. Conçu comme une première étape, certes modeste, il contient en germe toutes les possibilités évoquées ci-dessus. Parmi les mesures les plus importantes : l'attribution d'un coût aux émissions de CO_2, ce qui est une incitation à limiter celles-ci, et la mise en place de mécanismes de développement conjoints entre pays riches et pays pauvres permettant de réduire globalement les émissions tout en aidant au développement des pays pauvres.

Il est éminemment regrettable que les États-Unis refusent de ratifier ce protocole qui, de ce fait, risque de rester lettre morte. Mais l'art de la négociation et du compromis

---

3. Le physicien Michel Soutif, lauréat du grand prix de la Coopération scientifique internationale attribué par la Chine populaire, écrit dans *La Naissance de la physique*, EDP Sciences, 2002 : « La seule solution pour freiner les flux [migratoires] de populations [entre pays pauvres et pays riches] est d'augmenter le potentiel des plus pauvres. Ce n'est pas une question de charité mais de thermodynamique. »

a cruellement fait défaut aux ministres européens de l'Environnement dans la négociation de la dernière chance vers la fin du mandat de Bill Clinton. Il s'en est fallu d'un cheveu que les États-Unis se rallient à un compromis élaboré par le ministre anglais : l'intransigeance de plusieurs ministres européens (dont, il faut le rappeler à la grande honte de la France, Dominique Voynet) a fait échouer l'opération.

Moins grave en pratique, au moins à l'échelle de temps du protocole (2010) mais surprenant dans son principe car en parfaite contradiction avec le but poursuivi, les mêmes ministres européens ont fait exclure le nucléaire et le grand hydraulique des mécanismes du développement conjoint. Alors que ce sont les seules énergies réellement capables de contribuer fortement à la diminution des émissions de CO_2. Signal très fort que ces ministres, tout en se disant prêts à entériner un accord sur la réduction de ces émissions, ne croyaient pas vraiment à la nécessité de réussir.

CHAPITRE 20

L'ALLEMAGNE POURRA-T-ELLE SORTIR DU NUCLÉAIRE ?

Je crois qu'il n'y a pas eu un débat, pas une conférence, pas une interview où cette question ne m'ait été posée, sous une forme ou sous une autre. Cela est tout à fait normal : si l'Allemagne peut sortir du nucléaire, pourquoi pas la France ? Et réciproquement : si nous ne pouvons pas en sortir, comment l'Allemagne le pourra-t-elle ?

Rappelons la situation de la production d'électricité en Allemagne : un tiers nucléaire, plus de la moitié charbon et 15 % gaz naturel et énergies renouvelables. L'Allemagne rejette donc beaucoup de gaz carbonique pour produire son électricité. Parallèlement, le gouvernement et le Parlement allemands ont décidé de sortir du nucléaire d'ici 2020 environ, tout en acceptant de s'engager à réduire de 20 % leurs émissions de gaz à effet de serre, tous usages confondus. Un véritable casse-tête.

Il faut savoir que nos amis allemands ont un peu triché (ou, plus diplomatiquement, ont merveilleusement négocié). L'année de référence pour les émissions de gaz à effet de serre est 1990. Cela ne rappelle rien ? 1989, la chute du mur de Berlin, 1990 la réunification de l'Allemagne ; dans les années qui ont suivi, l'effondrement de l'économie de l'ex-Allemagne de l'Est, et la fermeture de nombreuses mines et de centrales au charbon vétustes. En l'espace de quelques années, les émissions de gaz à effet de serre de l'Allemagne réunifiée avaient chuté de 20 % : l'Allemagne avait atteint, dès 1995, les objectifs de 2010.

Depuis, la remise en route de l'économie des *Länder* de l'Est, bien que lente, a plus que compensé les efforts d'économie d'énergie, d'autant que nos voisins d'outre-Rhin persistent à privilégier les voitures puissantes et les logements confortables. Lorsque les « Grünen » allemands ont suggéré, il y a quelques années, de tripler le prix de l'essence, ils ont perdu la moitié de leur électorat ! L'Allemagne se trouve donc dans une situation très comparable à celle de la France : comment stabiliser les émissions de gaz à effet de serre au niveau atteint à la fin de la dernière décennie ? Mais avec la difficulté supplémentaire liée à la sortie du nucléaire.

La première réponse apportée est d'améliorer le rendement des centrales brûlant du charbon. Les nouvelles installations, notamment celles construites pour remplacer les vieilles centrales de l'Est, utilisent des cycles thermodynamiques beaucoup plus performants, réduisant de près de 20 % les émissions par kWh électrique. Cependant seule une petite fraction du parc sera renouvelée d'ici 2010.

La deuxième réponse est de développer les énergies renouvelables, en premier lieu l'énergie éolienne. À fin 2005, il y avait 18 000 MW d'éoliennes en Allemagne (plus de 15 % de la puissance électrique installée), soit 10 000 MW de plus qu'à fin 2001. Il s'agit d'un effort considérable, mais dont les fruits sont limités : environ 25 TWh électriques produits, soit 5 % de la production allemande. Ceci tient au caractère aléatoire du vent et au fait que l'ampleur du programme a conduit nos voisins à implanter des éoliennes même dans des endroits moyennement favorables. Les éoliennes allemandes ont produit en moyenne 1 500 heures dans l'année (alors que la moyenne européenne est 1 800 heures), soit environ 17 % du temps ! Compte tenu de la part des centrales thermiques dans la production d'électricité (environ 50 %) ce vaste programme n'a permis de réduire que de 2 % les émissions de CO_2 dues à la production d'électricité. Les autres énergies renouvelables, notamment solaire, n'ont joué qu'un rôle tout à fait marginal malgré de gros efforts pour développer le chauffage solaire (près de 5 millions de m^2 de panneaux solaires chauffants permettant d'économiser l'équivalent de 150 000 tonnes de pétrole).

La troisième réponse consiste à ne viser que le court terme, la sortie du nucléaire n'étant programmée qu'au-delà de 2010, lorsque les centrales existantes auront atteint la fin de leur vie normale[1]. Les objectifs de Kyoto pour 2010 ne seront donc pas affectés par la sortie du nucléaire telle qu'elle est prévue aujourd'hui. Qu'en sera-t-il après ?

---

1. Durée de vie affichée de 32 ans, mais ce sont des années pleines, correspondant à un fonctionnement 100 % du temps : pour un fonctionnement moyen 80 % du temps, cela représente 40 années calendaires, comme pour les centrales françaises.

Il y a fort à parier qu'il y aura un « après-Kyoto ». Face aux risques climatiques, qui seront probablement mieux reconnus internationalement d'ici là, les pays même les plus récalcitrants reconnaîtront qu'il leur faut réduire leurs émissions de gaz à effet de serre. De nouveaux objectifs de diminution seront fixés, et l'Europe devra suivre, voire précéder, le mouvement. L'Allemagne se trouvera alors devant un choix cornélien : renoncer à sortir du nucléaire, refuser de prendre sa part de l'effort européen, ou trouver une solution miracle.

Une telle solution miracle est-elle imaginable ? Sans aucun doute, en voici deux recettes.

Chaque fois que 1 kW nucléaire est supprimé, on supprimerait en même temps 1 kW charbon et on créerait 2 kW gaz naturel. On conserverait ainsi la même capacité de production et pratiquement les mêmes émissions de gaz carbonique. Cela paraît simple, mais poserait quelques sérieux problèmes : social lié à la fermeture d'une bonne moitié des mines allemandes ; de dépendance énergétique vis-à-vis du seul fournisseur possible de gaz naturel en grandes quantités, la Russie ; et de coût, car cela nécessiterait pratiquement de remplacer les deux tiers des centrales allemandes en moins de 10 ans et, simultanément, de financer les gazoducs nécessaires à l'acheminement du gaz. Il paraît pour le moins improbable que nos voisins retiennent une telle solution.

La seule alternative crédible serait que seules les centrales nucléaires soient arrêtées et qu'elles soient toutes[2]

---

2. Les Verts annoncent une diminution de la consommation d'électricité qui n'apparaît pas dans les faits, et disent compter sur l'électricité éolienne, mais celle-ci ne représente en 2005 que moins de 25 TWh malgré un investissement considérable.

remplacées par des centrales à gaz naturel. Pour compenser l'augmentation des émissions de gaz à effet de serre, les Allemands achèteraient alors des « permis d'émission » sur le marché de ces permis prévu par le Protocole de Kyoto. Le problème social de « sortie du charbon » serait évité, et celui du coût d'investissement réduit de moitié.

Pas très moral au plan de l'écologie ? Peut-être. Mais au cours d'un colloque de la Cité des Sciences, en avril 2003, un ancien député Vert allemand a brossé un sombre tableau de la situation de l'énergie en Allemagne. Il n'a eu de cesse de critiquer l'attitude des industriels de ce secteur, accusés de freiner les initiatives d'économies d'énergie et d'énergies renouvelables. L'impression dominante était qu'il cherchait des boucs émissaires face à un échec prévisible de la politique gouvernementale, en vue de leur faire porter la responsabilité de choix que la morale écologique réprouverait.

En bref, les Allemands ont choisi une voie aventureuse en décidant de sortir du nucléaire, et on peut avoir des doutes sérieux sur l'aboutissement de cette politique. L'avenir le dira. Les Suédois, qui avaient choisi la même voie il y a un peu plus de 20 ans, l'ont provisoirement exclue en décidant qu'ils n'arrêteraient leurs centrales nucléaires que lorsqu'ils auraient des moyens de remplacement leur permettant de respecter leurs engagements de Kyoto. Les Belges, qui ont également décidé de sortir du nucléaire, ont mis une « clause de sauvegarde » analogue à celle des Suédois.

CHAPITRE 21

BILAN ET PROPOSITIONS

Au cours de débats aussi complexes que ceux relatifs à l'énergie, nul ne peut se dire à l'abri des contradictions, des non-dits ou des faux-fuyants. Nous en avons rencontré quelques-uns au fil des chapitres précédents. Certains sont probablement volontaires, mais ce n'est pas toujours le cas. Nous avons sélectionné quelques perles rares. Beaucoup tournent autour du nucléaire, mais pas toutes.

Faut-il en rire ou en pleurer ?

Trois de ces perles rares concernent les débats sur l'avenir du réacteur Superphénix entre 1990 et 1995.

Les plus hauts responsables du nucléaire français, au Commissariat à l'énergie atomique et à EDF, n'ont pas hésité à renier la véritable raison d'être de ce prototype : produire de l'énergie à partir de l'uranium 238, de façon à assurer des ressources quasi inépuisables à l'échelle de nombreux siècles. En vantant ses mérites comme consommateur de plutonium, ils lui ôtaient toute sa légitimité. Techniquement, c'était jouable, mais comment justifier de dépenser tant d'argent dans un but aussi étriqué ?

Dans le même temps, de hauts fonctionnaires dans les cabinets ministériels inventaient l'idée géniale d'autoriser le fonctionnement de l'installation comme réacteur de recherche sur la transmutation des actinides, mais sans produire d'énergie : un réacteur nucléaire sans neutrons et sans fissions en quelque sorte... Finalement, cette idée farfelue devait être abandonnée, mais l'idée du réacteur de recherche était maintenue. On pourrait en rire, mais c'est ce qui a conduit le Conseil d'État à annuler le décret d'autorisation de fonctionnement de l'installation au motif qu'elle avait été détournée de son objet, ouvrant ainsi la porte à la décision politique de Lionel Jospin d'arrêter le réacteur.

Le coup de pied de l'âne, si on ose s'exprimer ainsi, devait venir de... madame Soleil. Dans un fax adressé le 8 mars 1996 aux plus hautes instances de l'État, Elizabeth Tessier les adjurait d'arrêter sans délai Superphénix, car : « L'éclipse totale de Soleil du 17 avril est [...] redoutable [...]. Elle suit l'éclipse de la Lune, très critique aussi [...] Superphénix apparaît très touché par les dissonances. Pour l'astrologue, il serait très étonnant qu'il ne se passât rien en cet inquiétant mois d'avril à venir[1]. »

Après la catastrophe de Tchernobyl, le journal *Libération* n'a pas craint de se contredire formellement à dix

---

1. Fax aimablement transmis par P. Schmitt, directeur de Creys Malville à l'époque.

jours d'intervalle. Qu'on en juge : le 2 mai 1986, le journal publie un article où on peut lire : « Pierre Pellerin, le directeur du SCPRI[2], a annoncé hier [le 1er mai] que l'augmentation de radioactivité était enregistrée sur l'ensemble du territoire sans aucun danger pour la santé. » Le 12 mai, le même journal titre, en grande manchette de première page : « Le mensonge nucléaire » avec le sous-titre « Les pouvoirs publics ont menti, le nuage de Tchernobyl a bien survolé une partie de la France, le Pr Pellerin en a fait l'aveu 15 jours après l'accident. » La juxtaposition de ces deux informations laisse rêveur. Qui ment ? Pas le Pr Pellerin, dont l'honneur a été blanchi par la justice 15 ans plus tard. Malheureusement, la « vérité » de *Libération* du 12 mai est devenue tellement la vérité tout court qu'aucun communicant n'ose, aujourd'hui encore, aller à l'encontre.

Les partisans du nucléaire ne sont pas à l'abri des contradictions. Alors qu'ils défendent la thèse que les très faibles doses de radioactivité, telles que celles dues aux rejets des centrales, sont parfaitement inoffensives, certains n'hésitent pas à reprocher aux centrales brûlant du charbon de rejeter dans l'atmosphère de l'uranium, du thorium, du radium et du potassium 40, dont les activités sont du même ordre de grandeur – et également inoffensives. Comme le disent si bien les Anglo-Saxons, autant se tirer une balle dans le pied !

Les opposants aux éoliennes ont reçu, au printemps 2006, l'appui inespéré de l'Académie de médecine. Celle-ci s'interroge, sûrement à juste titre, sur les effets possibles des infrasons produits par les grandes éoliennes. Mais ses recommandations laissent rêveur : d'une part instaurer

---

2. Service central de protection contre les rayonnements ionisants.

un moratoire sur l'installation de ces machines à moins de 500 mètres des habitations, et d'autre part lancer une étude épidémiologique auprès des habitants vivant à proximité. Où diable en trouvera-t-on, alors qu'il n'y a aucune grande machine encore en service en France et qu'on s'interdirait d'en installer[3] ? Alors, canular de l'Académie pour se moquer de l'épidémie d'études épidémiologiques, ou simple maladresse ?

Les opposants au nucléaire ne sont pas plus à l'abri. N'est-ce pas Greenpeace qui déploie tous ses efforts pour bloquer le traitement des déchets nucléaires pour mieux hurler ensuite que « les poubelles sont pleines » ? Ou encore qui proteste véhémentement en octobre 2003 contre la décision d'EDF de porter de 30 à 40 ans la durée d'amortissement des centrales nucléaires et qui, 15 jours plus tard écrit, sous la signature de sa présidente, qu'il n'y a aucune urgence à décider de leur remplacement, que cela peut bien attendre 2020 ou 2025, ce qui revient à tabler sur une durée de vie de 50 ans et plus[4] ?

Pour le Dr Knock, le foie était l'unique responsable de tous les maux de ses patients : « Le foie, vous dis-je ! » Il en va de même pour le nucléaire à entendre ses détracteurs.

La canicule de l'été 2003 est appelée à la rescousse pour brocarder les centrales nucléaires, incapables de fonctionner à pleine puissance à cause des températures élevées de l'eau des rivières. Pas un mot pour dire que ce problème concerne toutes les centrales thermiques, ni surtout pour constater qu'au même moment, les 20 000 MW

---

3. On peut penser qu'en tout état de cause, le nombre de personnes concernées serait très insuffisant pour prouver l'*absence* d'effet, ce qui permettrait aux opposants de justifier leur opposition.
4. Le *Monde* daté du 18 octobre 2003.

d'éoliennes implantées en Allemagne, au Danemark et en Espagne étaient frappées de plein fouet, si l'on ose dire, par l'absence de vent. La paille (moins de 1 000 MW de baisse de puissance des centrales nucléaires) et la poutre !

Même refrain en juillet 2006 : EDF ayant pris la précaution d'acheter une réserve d'électricité de pointe, pour faire face au cas de demande dépassant ses capacités, Sortir du nucléaire accuse le nucléaire et réclame son arrêt, allez comprendre...

En décembre 1999, la « tempête du siècle » met à mal le réseau de grand transport d'électricité et provoque pendant quelques jours des coupures d'électricité : pour Noël Mamère, c'est la faute du nucléaire et il est urgent d'en sortir.

La France peine à tenir ses engagements de Kyoto, à cause de l'augmentation de la consommation d'énergie fossile dans l'habitat et pour les transports ? Pour S. Lhomme, porte-parole de Sortir du nucléaire, c'est la faute des centrales nucléaires, « qui n'ont pas protégé la France du risque climatique »[5].

Comment comprendre également que certains opposants au nucléaire prônent d'attendre la quatrième génération de réacteurs, alors que ces nouveaux réacteurs auraient pour objectif principal d'augmenter très fortement le rôle de l'énergie nucléaire en multipliant par 50 les ressources d'uranium utilisables ?

On peut enfin se demander comment certains concilient un objectif affiché de développement durable avec une utilisation massive du gaz naturel ou du charbon. Les

---

5. Lhomme, S., « Sécheresse : le mythe nucléaire s'évanouit », *Le Monde*, août 2003.

réserves de gaz naturel sont limitées, et essentiellement non renouvelables. Multiplier par deux ou trois sa consommation aurait pour effet de priver nos petits-enfants de cette ressource. Dans le cas du charbon, énergie largement utilisée en Chine et aux États-Unis, mais également en Europe (Allemagne, Danemark, Pologne), ce sont les rejets de CO_2 qui mettent en cause le développement durable par les risques qu'ils font courir au climat.

On pourrait multiplier les exemples. Nous terminerons sur la publicité agressive de Shell, BP, Exxon et autres Total qui se présentent plus verts que verts. Comment osent-ils ? Faut-il en rire ou en pleurer ?

Les trois paradigmes :
« Bush », « négawatt » et « climat »

Quelles conclusions et propositions peut-on dégager de tous ces débats ? Peut-on se contenter d'une approche fondée sur une prévision des besoins et une estimation des ressources ? À quel horizon faut-il se placer ? Faut-il rester « hexagonal », ou européen ? Ou mondial ? Quel sens faut-il donner au développement durable ? Au risque climatique ? Autant de questions que nous avons analysées tout au long de ce « débat », en les abordant sous les angles les plus divers, car il s'agit de questions complexes. Mais il faut bien à un certain moment, tenter une synthèse, au risque de trop simplifier. C'est ce que je propose maintenant après avoir rappelé les trois paradigmes principaux qui s'affrontent sur le sujet.

Pour le président américain, le doute n'est pas permis, l'« *American way of life* » doit être préservée coûte que coûte et elle peut l'être par la grâce du progrès technique : on ne compte plus les grands programmes de recherche lancés par l'administration américaine (charbon « propre » et séquestration du CO_2, génération 4 pour le nucléaire, hydrogène, etc.). Mais il ne saurait être question de taxer le carburant à la pompe, et l'ensemble de la politique étrangère doit contribuer à assurer l'approvisionnement en pétrole et en gaz des États-Unis.

Pour l'association Négawatt, tout doit être mis en œuvre pour réduire notre consommation d'énergie. Négawatt calcule que, si chaque Français utilisait systématiquement les meilleures technologies existantes pour se chauffer, s'éclairer et pour ses appareils domestiques, faisait appel systématiquement au covoiturage (ou à la bicyclette) pour ses déplacements quotidiens, disposait de commerces de proximité sans avoir besoin d'aller (en voiture) dans les grandes surfaces, privilégiait l'habitat collectif au lieu de l'habitat individuel, etc., la consommation d'énergie pourrait être réduite au moins d'un facteur 2. Pour y arriver, il faudrait évidemment soit des lois très contraignantes, soit un prix de l'énergie très élevé. L'énergie nucléaire est alors l'ennemi à abattre, parce que l'électricité produite est trop bon marché, ce qui va à l'encontre de l'objectif poursuivi.

Le troisième paradigme place la protection du climat au centre de l'action. Il s'agit avant tout de réduire les émissions de gaz à effet de serre, objectif qui concerne à la fois le secteur agricole et le secteur de l'énergie, secteurs qui se rencontrent au demeurant au niveau de l'utilisation de la biomasse. C'est le paradigme de l'association Sauvons le climat[6] et de quelques rares écologistes, tels James

---

6. www.sauvonsleclimat.org

Lovelock (auteur de la théorie de Gaïa) et Patrick Moore (cofondateur de Greenpeace). C'est le paradigme de la loi sur l'énergie de 2005 qui fixe l'objectif de diviser par 4 les rejets de CO_2 d'ici 2050. C'est celui que nous retiendrons dans ce qui suit.

Quels seront les besoins d'énergie au XXIe siècle ?

La plus grande incertitude règne sur les besoins à la fin du siècle, ceux-ci pouvant être fortement marqués par de nombreux facteurs, ne serait-ce que l'évolution de la démographie et celle des modes de vie dans les pays aujourd'hui en développement ou pauvres. En revanche, les études prospectives visant 2050 conduisent à une fourchette plausible de 15 à 20 Gtep par an (comparés à 10 aujourd'hui[7]). Ces estimations reposent sur trois hypothèses majeures.

Une augmentation de la population mondiale de 6 à 8 ou 9 milliards.

Une réduction plus ou moins forte de la consommation d'énergie par habitant dans les pays riches (– 1 à – 2 % par an) ; une telle réduction exigera une politique très volontariste d'économies d'énergie, alors qu'aujourd'hui, la tendance dans tous les grands pays industriels est proche de + 1 % par an.

Une augmentation modérée de la consommation par habitant dans les pays en développement, celle-ci n'atteignant en moyenne, en 2050, que la moitié de celle des pays riches.

---

7. Dont 1 Gtep par an d'énergie non commercialisée, essentiellement le bois.

Quel horizon ?

Avant 2020, la plupart des coups sont déjà partis et les fortes constantes de temps (plusieurs décennies) associées aux actions relatives aux énergies interdisent de modifier profondément la donne d'ici là. Ceci n'exclut pas, bien au contraire, qu'un certain nombre d'actions doivent être engagées au plus tôt pour préparer la période 2020-2050, qu'il s'agisse d'actions d'ordre technique, d'ordre institutionnel ou d'ordre sociétal.

Au-delà de 2050, les inconnues sont telles – quelle sera la démographie ? quelle sera la réalité du risque climatique ? quels seront les progrès technologiques ? – que les méthodes traditionnelles de prospective sont impuissantes. Je me limiterai à essayer d'identifier quelques secteurs de recherche et développement qui paraissent essentiels pour répondre à l'objectif de développement durable de la planète.

C'est la période 2020-2050 qui semble la plus intéressante, suffisamment proche pour permettre des analyses prospectives, mais suffisamment lointaine pour que des décisions prises dans les prochaines années aient le temps de porter leurs fruits. L'analyse repose sur trois hypothèses centrales :

– une très forte présomption que le risque climatique est réel, et qu'il faudra limiter les rejets de CO_2 dans l'atmosphère bien au-delà des engagements de Kyoto ;

– le caractère insoutenable du déséquilibre dans l'accès à l'énergie entre pays riches et pays pauvres qui contribue fortement à la fracture Nord-Sud, et dont la réduction devrait être une priorité de toute politique énergétique ;

– la très forte probabilité que la production pétrolière atteigne un plafond et amorce son déclin au cours de la période 2020-2050.

Il ne s'agit là que d'hypothèses de travail, mais le principe de précaution, tel que défini par exemple dans la loi sur l'air de 1995, ne recommande-t-il pas, en présence de risques graves et irréversibles, de ne pas attendre d'avoir des certitudes pour agir ?

Les multiples filières énergétiques seront passées en revue – des « négatep » des économies d'énergie aux énergies fossiles, renouvelables et nucléaire – à la lumière de quatre critères d'évaluation : l'équité (entre les hommes), l'éthique (du développement durable), l'environnement (incluant la santé) et l'économie. Je me suis efforcé d'intégrer le caractère mondial de certains problèmes, notamment l'effet de serre et l'épuisement du pétrole ; mais également quelques aspects régionaux difficilement contournables, tels que la dépendance du charbon pour les États-Unis, la Chine et l'Inde, et la très forte concentration des ressources mondiales de gaz naturel dans des régions instables du Moyen-Orient et de l'Asie centrale.

Les « négatep »

L'utilisation rationnelle de l'énergie est sans conteste un élément essentiel, autant pour les pays riches qui possèdent un gisement important d'économies que pour les pays pauvres pour lesquels l'énergie est une denrée rare, donc précieuse. La Chine, par exemple, a engagé des programmes considérables de fermeture d'installations vétustes, économisant ainsi plusieurs centaines de millions de tonnes de charbon par an. Dans les pays pauvres, l'introduction de poêles et de réchauds performants permettrait d'améliorer le service rendu tout en limitant la pollution et les besoins d'énergie. Dans les pays riches, des gisements d'économies importants ont été répertoriés, notamment dans l'habitat (meilleure isolation) et le transport (moteurs hybrides).

L'utilisation rationnelle de l'énergie est favorable à l'environnement, ne soulève ni questions d'équité ni questions d'éthique et, dans bien des cas, peut être atteinte dans de bonnes conditions économiques.

Elle se heurte cependant à de fortes résistances liées aux comportements tant individuels que collectifs.

Au niveau individuel, on note une réticence à investir des sommes parfois importantes avant de recueillir les bénéfices ; mais également une tendance à tirer profit de l'accroissement des revenus pour consommer plus (logements individuels plutôt que collectifs, résidences secondaires, voitures de plus forte cylindrée, etc.).

Au niveau collectif, l'organisation de la cité, du commerce, des loisirs... favorise la civilisation du transport (automobile, avion) et la consommation d'énergie.

Il est extrêmement difficile, dans ces conditions, de faire une estimation de l'impact réel sur la consommation d'énergie de son utilisation rationnelle. Dans les pays riches, les plus optimistes projettent une *réduction* de 1 à 2 % par an de la consommation d'énergie, qui passerait ainsi de 6 Gtep en 2000 à 4 ou 3 Gtep en 2050. Force est de constater, cependant, que depuis 1990 on y observe une *augmentation* de la consommation de 1 % par an.

Entre 1973 et 1985, la consommation avait été stable, conséquence probable de la très forte hausse des prix de l'énergie. Il est à peu près certain que seule une politique très volontariste permettrait aux « négatep » de jouer un rôle important dans les décennies à venir. Une telle politique devrait faire intervenir à la fois des incitations (subventions, détaxation) à investir pour mieux utiliser l'énergie, et une forte augmentation du prix de l'énergie, tout au moins dans les pays riches.

Dans les pays pauvres, une utilisation plus rationnelle de l'énergie permettrait de freiner l'augmentation de consommation. Il faut noter en revanche qu'une forte augmentation du prix de l'énergie dans ces pays irait à l'encontre de leurs efforts de développement, et serait donc contraire à l'équité, pour ne pas dire à l'éthique.

En définitive, la plupart des études prospectives visant la période 2020-2050 aboutissent à une projection de la demande comprise entre 15 et 20 Gtep/an (comparée à 10 aujourd'hui). La valeur haute correspond à la poursuite des errements actuels et la valeur basse au succès marqué des politiques de maîtrise de l'énergie.

Les énergies fossiles

Les énergies fossiles – charbon, pétrole et gaz naturel – fournissent plus de 85 % de l'énergie commercialisée dans le monde rejetant dans l'atmosphère plus de 7 milliards de tonnes de carbone contenu dans le CO_2 (GtC).

Le charbon et la séquestration du CO_2

Le charbon (2,6 Gtep en 2003) est utilisé aujourd'hui dans certaines industries et, en premier lieu, pour la production d'électricité, le plus souvent à proximité ou au moins dans le pays de son lieu d'extraction. Seuls 10 % du charbon extrait font l'objet d'un commerce international. Le charbon joue un rôle capital dans les pays qui en sont riches, notamment les États-Unis, la Chine, l'Inde, l'Australie, l'Afrique du Sud et, en Europe, la Pologne et l'Allemagne. Le développement industriel de l'Europe doit beaucoup à son charbon, mais aujourd'hui, seuls l'Allemagne et certains pays d'Europe de l'Est continuent à l'exploiter et les autres pays importent du charbon beaucoup moins cher (autour de 40 $/t, voire 50 $/t).

On sait aujourd'hui brûler le charbon de façon relativement propre, en limitant fortement les rejets d'oxydes de soufre et d'azote, ainsi que les poussières, et la gazéification permettrait de réduire ces rejets pratiquement à zéro (à condition de remplacer comme comburant l'air par l'oxygène pour éviter les oxydes d'azote). Des progrès se poursuivent également vers les hauts rendements permettant de réduire proportionnellement les rejets de CO_2.

La séquestration[8] du CO_2 fait depuis quelques années l'objet de recherches importantes, mais les procédés connus aujourd'hui consomment beaucoup d'énergie, ce qui risque d'en limiter l'intérêt. En tout état de cause, la séquestration du CO_2 semble devoir être réservée à des installations fixes et de forte capacité, en pratique aux installations brûlant du charbon[9]. Encore faudra-t-il trouver

---

8. Le terme « séquestration » recouvre deux opérations bien distinctes : la capture du CO_2 produit lors de la combustion d'un combustible carboné, et le stockage à long terme du CO_2 capturé.
9. Même alors, la séquestration ne sera que partielle, ne serait-ce qu'à cause des rejets de CO_2 provenant de l'énergie fossile consommée pour acheminer le charbon de la mine au lieu d'utilisation. En outre, les procédés de capture du CO_2 consomment de l'énergie et un procédé de capture

des sites de stockage du CO_2 qui garantissent qu'il ne revienne pas dans l'atmosphère et soient acceptables par les riverains.

En résumé, le charbon dispose encore d'atouts sérieux pour se maintenir et même se développer dans les pays qui disposent de ressources importantes. Il est moins évident qu'il se maintiendra dans les pays forcés de l'importer, compte tenu de la concurrence des autres énergies. Plusieurs facteurs sont cependant susceptibles de faire évoluer la situation dans un sens ou dans l'autre :

– une tension plus forte sur le front des rejets de CO_2, entraînant une pénalité économique élevée ;

– la mise en œuvre à un coût modéré de la capture et du stockage à long terme du CO_2 ;

– le développement de productions combinées d'électricité, d'hydrogène et (ou) de procédés chimiques dans un monde marqué par le renchérissement des hydrocarbures.

Le pétrole

Le pétrole (3,6 Gtep en 2003) est utilisé aujourd'hui en pétrochimie et, surtout, pour les transports. Il est facile à transporter et fait l'objet d'un très important commerce

---

efficace à 100 % serait très onéreux. Tous facteurs confondus, on estime aujourd'hui qu'une capture économiquement acceptable aurait une efficacité comprise entre 70 et 80 % : elle permettrait de diviser par 4 environ les rejets de CO_2 des centrales thermiques brûlant du charbon. Conjuguée à l'amélioration des rendements thermodynamiques, la séquestration permettrait d'atteindre un facteur 6 ou 7 par rapport aux installations aujourd'hui en service (Mocilnikar, A. T., *How to Tame King Coal*, ministère de l'Écologie et du Développement durable, juin 2005). Tout ceci aurait un coût non négligeable.

international, les principales régions importatrices étant les États-Unis, l'Europe et le Japon, et les principaux fournisseurs le Moyen-Orient (1/3), la Russie (1/3), le dernier tiers venant d'Amérique du Sud, d'Afrique, d'Asie du Sud et de la mer du Nord.

Face aux risques géopolitiques liés à cette répartition inégale des ressources, les États-Unis mènent une politique très active destinée à assurer leur approvisionnement. Les autres pays importateurs cherchent eux aussi à diversifier leurs sources.

Le prix du pétrole est sujet à des variations brutales. En dépit des efforts de régulation entrepris par les pays consommateurs et producteurs au lendemain des deux chocs pétroliers de 1973 et 1979, le prix fluctue depuis entre 10 et 80 dollars par baril. La plupart des observateurs prévoient une hausse moyenne continue dans les années à venir, accompagnée de fluctuations plus ou moins fortes autour de cette hausse moyenne.

Au-delà, dans la période 2020-2050, la plupart des observateurs, et notamment nombre de pétroliers, prévoient que la production passera par un sommet[10] (4 à 5 Gtep/an) pour se replier ensuite et revenir au niveau actuel avant 2050. Un tel scénario, se produisant alors que les besoins mondiaux des transports seront en forte hausse, ne manquerait pas de provoquer de très fortes tensions sur les approvisionnements et sur les prix.

Au niveau environnemental, on sait brûler aujourd'hui le pétrole de façon propre, en limitant fortement les rejets d'oxydes de soufre et d'azote et les poussières, au prix, il est vrai, d'une certaine perte de rendement et

---

10. Appelé « *peak oil* » par les pétroliers.

d'investissements non négligeables. En revanche, aucune solution n'est en vue pour limiter les rejets de CO_2, si ce n'est l'augmentation de l'efficacité énergétique des motorisations (moteurs à essence hybrides par exemple).

En résumé, la dépendance forte des économies européenne et française vis-à-vis du pétrole, et les rôles majeurs joués d'une part par les États-Unis, d'autre part par les pays producteurs nous obligent à subir les variations de prix dans un jeu qui nous échappe. À l'horizon 2020-2050, l'amorce du repli de la production amènera des tensions très fortes sur les prix, et la prudence la plus élémentaire doit inciter l'Europe et la France à s'y préparer. Les constantes de temps dans le secteur de l'énergie sont telles qu'il y a urgence.

Le gaz naturel

Le gaz naturel (2,25 Gtep en 2003) est le combustible fossile dont l'usage se développe le plus rapidement, notamment pour la production d'électricité dans des centrales à cycle combiné à haut rendement. En cas de besoin, il pourrait aussi se substituer au pétrole pour la pétrochimie et les transports. Il est abondant, et sa production ne commencera à décroître que bien au-delà de 2050.

Sur le plan environnemental, c'est le plus propre des combustibles fossiles, à condition d'être utilisé dans des installations à bon rendement. Sa combustion ne rejette que de l'oxyde d'azote et, à rendement égal[11], un tiers de

---

11. Concrètement, pour la production d'électricité, une centrale à cycle combiné (turbine à gaz et turbine à vapeur) a un rendement proche de 60 % et une turbine à gaz à cycle direct seulement de 30 % ; la première rejette deux fois moins de CO_2 qu'une centrale à charbon moderne, la seconde en rejette autant.

CO_2 en moins que le charbon et le pétrole. Le gaz naturel dispose donc d'atouts certains en matière d'environnement, dans la mesure toutefois où son exploitation et son acheminement ne donnent pas lieu à des fuites de méthane importantes, car le méthane est un gaz à effet de serre très puissant.

Un des points faibles du gaz naturel est qu'il est beaucoup plus difficile à transporter que le pétrole. Les investissements nécessaires pour transporter le gaz sur de grandes distances sont importants, qu'il s'agisse de gazoducs ou de méthaniers pour le transport du gaz naturel liquéfié (GNL). Ceci a pour conséquence une contribution significative du transport au coût du gaz naturel (1 à 2 $/MBTU[12]) et la nécessité pour les investisseurs d'avoir une garantie de pouvoir écouler le gaz transporté[13]. Cette difficulté se traduit par des différences de prix sensibles en fonction de la distance entre les lieux d'extraction et les lieux de consommation et l'absence d'un marché mondial. C'est ainsi que, jusqu'à récemment, le prix du gaz était de 2 $/MBTU aux États-Unis, 3 en Europe et 4 au Japon[14].

Les principales réserves de gaz naturel sont en Asie centrale (40 %) et au Moyen-Orient (1/3), le reste étant réparti entre les cinq continents. Les grandes régions importatrices ont été jusqu'à présent l'Europe et le Japon, mais les États-Unis voient venir la fin de l'autosuffisance

---

12. Le BTU, British Thermal Unit, est l'unité de chaleur préférée des Anglo-Saxons. Le MBTU vaut un million de BTU. Le prix du gaz dans tous les échanges internationaux est exprimé en dollars par MBTU.
13. Comme on le verra plus loin, les ordres de grandeur des investissements et la problématique sont de même nature que pour les grands ouvrages hydrauliques et le nucléaire.
14. Prix qui ont pratiquement partout augmenté de 2 à 3 $/MBTU en 2004 et 2005 et continuent à augmenter en 2006, car ils sont peu ou prou indexés sur ceux du pétrole.

de l'Amérique du Nord, et les grands pays asiatiques (Chine et Inde) ont de vastes programmes de développement de leurs consommations. Ces différents éléments donnent à penser que de grandes manœuvres stratégiques vont avoir lieu dans les années à venir autour du gaz naturel, comme il y en a autour du pétrole.

Le gaz naturel apparaît comme une des principales ressources énergétiques permettant à l'économie des pays émergents et pauvres de se développer tout en limitant les dommages environnementaux. Pour des pays comme la Chine et l'Inde, qui représentent à eux seuls 40 % de la population mondiale, les quantités susceptibles d'être demandées sont très importantes et les investissements requis pour acheminer le gaz depuis l'Asie centrale ou le Moyen-Orient colossaux. L'Afrique, l'Amérique du Sud et l'Asie du Sud auraient également bien besoin de gaz naturel pour amorcer ou poursuivre leur développement. Mais l'arrivée de l'Amérique du Nord comme acheteur et la très forte augmentation de la demande annoncée en Europe (triplement d'ici 2020) peuvent légitimement faire craindre que les pays riches n'accaparent à leur profit le gaz naturel, comme ils ont accaparé le pétrole dans la seconde moitié du XXᵉ siècle. L'Occident saura-t-il tenir compte des besoins des pays en développement ? Et sinon, que signifieraient les envolées lyriques de certains politiques sur l'éthique et sur l'équité Nord-Sud ?

Le gaz naturel présente moins de risques environnementaux que le charbon et le pétrole, et il peut s'adapter facilement à de nombreux usages. Il est abondant, mais mal réparti dans le monde, ce qui entraîne des risques géopolitiques très importants, en particulier pour l'Europe. Son transport nécessite des investissements lourds qui constituent un handicap, notamment pour les pays pauvres, et qui ne pourront être réalisés qu'avec des garanties de débouchés. Il demeure néanmoins un des meilleurs espoirs de développement pour les nombreux pays émergents et en développement.

En résumé, les combustibles fossiles sont des énergies non renou-velables. À l'aube du XXIe siècle, ceci n'est pas dramatique pour le charbon dont les ressources sont abondantes. En revanche, l'exploitation actuelle du pétrole et demain celle du gaz naturel vont totalement à l'encontre du développement durable.

Les combustibles fossiles rejettent tous du CO_2 dans des quantités telles que la concentration dans l'atmosphère augmente de plus en plus rapidement. Il y a un risque de plus en plus probable de perturbation du climat de la planète.

Il n'est cependant pas possible, à l'horizon 2020-2050, de se passer des combustibles fossiles, les besoins étant particulièrement élevés dans les pays en développement s'ils veulent sortir de leur pauvreté.

Il apparaît donc souhaitable :

– au titre de l'éthique du développement durable et de la protection de l'environnement, d'inciter à limiter l'utilisation des combustibles fossiles au profit des « négatep » et des énergies ne rejetant pas de gaz à effet de serre ; le Protocole de Kyoto et la Directive européenne sur les émissions de CO_2 sont un premier pas, encore timide, dans ce sens ;

– au titre de l'équité et de la protection de la santé, de privilégier l'accès des pays pauvres au gaz naturel, ce qui implique des moyens institutionnels (exemption totale ou partielle, mais temporaire, des « taxes CO_2 ») et financiers (financement des infrastructures de transport) adaptés ;

– au titre de la prudence, de préparer l'« après-pétrole », en cherchant des solutions de remplacement, et de développer les techniques de combustion propre du charbon (hauts rendements, dépollution) et les recherches sur la séquestration et le stockage du CO_2.

Les énergies renouvelables

Les énergies renouvelables, largement utilisées par les hommes depuis des siècles (bois, moulins à eau et à vent...) apparaissent aujourd'hui comme particulièrement intéressantes dans la mesure où elles sont synonymes de développement durable et ne rejettent que peu ou pas de CO_2[15]. La principale énergie renouvelable (mis à part le bois) est aujourd'hui, et de très loin, l'énergie hydraulique. Les autres énergies renouvelables (éolienne, solaire, biocarburants, géothermie, marées...) ne représentent encore qu'une très faible part de l'énergie (moins de 1 %) mais sont en fort développement. Une de leurs caractéristiques communes majeures est d'être des énergies *dispersées* ; certaines d'entre elles sont également *intermittentes*.

L'hydraulique

L'énergie hydraulique, avec 2 700 TWh, fournit 18 % de l'électricité mondiale, 20 % de l'électricité en Europe (500 TWh) et 15 % en France.

---

15. Le CO_2 rejeté lors de la combustion du bois, par exemple, avait auparavant été retiré de l'atmosphère pendant la croissance de l'arbre ; le seul CO_2 émis correspond en général à la mise en œuvre des matériaux utilisés (acier, ciment) et, pour le bois, à son exploitation et son transport.

Le potentiel de développement de l'hydraulique est encore très fort dans les pays du Sud (Amérique du Sud, Afrique, Asie), mais il est quasi inexistant aux États-Unis, en Europe et au Japon. Globalement, la contribution de l'hydraulique au développement des pays pauvres pourrait être importante, mais se heurte à l'absence de réseaux de transport et de distribution de l'électricité produite, notamment en Afrique, et à l'importance des investissements qu'elle nécessite.

L'énergie éolienne

L'énergie éolienne est en fort développement en Europe, plus de 40 000 MW ayant été installés, principalement en Allemagne, en Espagne et au Danemark. Mais, en raison du caractère intermittent du vent, la production annuelle de ces 40 000 MW ne dépasse guère 70 TWh, soit 2 % de la production électrique européenne. En outre, cette production est aléatoire car tributaire du vent : lors des anticyclones qui ont accompagné les grands froids de l'hiver 2002-2003 en Espagne et la canicule de 2003 dans toute l'Europe, les éoliennes étaient pratiquement toutes à l'arrêt. Les éoliennes doivent donc être jumelées avec d'autres moyens de production, disponibles à tout moment et, si possible à faible coût d'investissement : on pense naturellement aux turbines à gaz à cycle direct, mais celles-ci utilisent mal le gaz naturel du fait de leur mauvais rendement et rejettent, de ce fait, des quantités importantes de CO_2.

Globalement, le potentiel éolien terrestre en Europe est évalué à 200 TWh, auxquels il faut ajouter le potentiel en mer, dit *offshore*. Mais, les meilleurs sites terrestres ayant été utilisés en premier, et les installations *offshore* coûtant plus cher, un développement de l'éolien permettant d'atteindre ne serait-ce que 5 % de la production d'électricité (objectif fixé par la Commission européenne) ne manquera pas de poser de sérieux problèmes d'investissement, aggravés par la nécessité d'adapter les réseaux haute et moyenne tension à ces nouveaux moyens de production.

L'énergie solaire

L'énergie solaire se subdivise en deux parties bien distinctes, le solaire chaleur et le solaire photovoltaïque :

– le *solaire chaleur* est déjà largement utilisé et pourrait l'être beaucoup plus, tant pour l'eau chaude sanitaire que pour le chauffage ou le froid, et cela sans nécessiter de grands développements. En revanche, beaucoup reste à faire auprès des professionnels du bâtiment – promoteurs, installateurs – et des consommateurs, pour les inciter à adopter ces techniques qui restent plus chères en investissement initial que les procédés plus traditionnels utilisant le gaz ou l'électricité ;

– le *solaire photovoltaïque* s'est fortement développé pour des utilisations très spécifiques (satellites, voiliers, relais de tout genre installés dans des sites isolés[16]), mais les techniques actuelles sont encore très chères : dans le meilleur des cas, dix fois plus que les énergies classiques. La priorité doit, de ce fait, être accordée à la recherche, accompagnée d'opérations pilotes indispensables au développement d'une industrie. En revanche, vouloir un apport

---

16. Un créneau important pourrait être les zones difficiles d'accès de nombreux pays pauvres qui ne disposent d'aucune source d'énergie ou d'énergie très chère (bouteilles de gaz, groupes électrogènes...).

quantitatif important de cette énergie en Europe serait prématuré et coûteux, voire contre-productif si jamais les expériences s'avéraient décevantes.

La biomasse

La biomasse occupe depuis toujours une place de choix dans la consommation d'énergie, tant dans le monde qu'en Europe et en France. Globalement, il s'agit d'une énergie dispersée[17] et onéreuse à transporter, mais qui, en revanche, se stocke facilement.

Au niveau mondial, le bois et, plus généralement, la biomasse sont largement utilisés aussi bien pour se chauffer que pour la cuisson et, plus timidement, pour produire des biocarburants[18]. Combien ? Difficile à dire, car une bonne partie ne passe pas par les circuits commerciaux, mais on estime généralement qu'il s'agit de 1 Gtep. Ce chiffre global recouvre d'ailleurs des situations très diverses, la forêt étant surexploitée par endroits (certaines régions d'Afrique et d'Asie du Sud), et peu exploitée dans d'autres (forêts boréales notamment). Le potentiel de développement de la biomasse est encore plus incertain, mais pourrait apporter 1 Gtep supplémentaire, voire plus[19].

---

17. On estime que, sous nos latitudes, elle peut fournir moins de 1 tep par hectare de culture ou de forêt, que ce soit sous forme de chaleur ou de biocarburant. La production par hectare de biocarburant pourrait doubler, voire tripler (environ 3 tep par hectare), à condition de disposer d'un apport extérieur d'énergie et d'hydrogène ; encore faudrait-il, si on veut limiter les rejets de CO_2, que cette énergie extérieure soit elle-même non productrice de CO_2.
18. Notamment au Brésil.
19. Chiffre à rapprocher de la production agroalimentaire mondiale, dont l'équivalent énergétique est de 2 à 3 Gtep, permettant de fournir 0,1 tep par an à chaque homme.

En France, grand pays agricole et sylvicole, le bois fournit environ 10 Mtep sous forme de chaleur, et un peu de biocarburants, sans compter les usages industriels. Une meilleure exploitation des forêts, la récupération des déchets agricoles, l'extension de certaines cultures offrent des possibilités importantes, tant pour répondre aux besoins de chaleur que pour produire des biocarburants et des matières premières pour l'industrie chimique[20].

La *biomasse chaleur* dispose de ressources importantes (autour de 10 Mtep supplémentaires), mais elle ne pourra vraiment se développer que si elle trouve des débouchés, par exemple dans des réseaux de chaleur et des chaudières collectives ; mais créer de tels réseaux coûte cher.

Les filières *biocarburants* commencent à se développer en Europe (une directive européenne impose d'incorporer un peu plus de 5 % de biocarburant dans le carburant automobile, d'ici 2010), et elles donnent lieu à d'importants programmes de recherche et développement. Si ces voies aboutissaient, en particulier la transformation du bois[21] en biocarburant avec apports extérieurs d'énergie et d'hydrogène produits sans rejet de CO_2, les biocarburants pourraient se substituer au pétrole en quantités très significatives[22].

---

20. Prévot, H., « Politique nationale de l'énergie et lutte contre l'effet de serre », *Revue de l'Énergie*, n° 554, février 2004.
21. Plus généralement, des produits ligno-cellulosiques.
22. En y consacrant 5 Mha, chiffre parfois cité, on pourrait alors espérer 15 Mtep de biocarburants (pour une consommation actuelle de carburants proche de 50 Mtep), moyennant un apport extérieur d'énergie de 10 Mtep environ. Le bilan énergétique n'est pas extraordinaire, l'apport net de la biomasse restant de l'ordre de 1 tep par hectare. Mais on transforme le carbone des plantes, issu de la photosynthèse, en carburant liquide se substituant aux carburants issus du pétrole. Dans la mesure où l'énergie externe est elle-même produite sans rejet de CO_2, on dispose alors d'un carburant ne contribuant pas à l'effet de serre.

Globalement, la faible productivité énergétique de la biomasse, conjuguée à la compétition avec les cultures agroalimentaires pour l'utilisation de l'espace et de l'eau et aux risques pour l'environnement de dérive vers des cultures intensives, a toutes chances de limiter son développement. Il n'empêche que, moyennant un certain nombre de dispositions incitatives et en comptant sur les progrès dans la recherche et le développement, la contribution de la biomasse pourrait doubler ou tripler dans les décennies à venir, et confirmer son rôle de première énergie renouvelable en France et en Europe.

Autres énergies renouvelables

Les autres énergies renouvelables (géothermie, énergie des marées, tours solaires…) pourront être appelées à jouer un rôle significatif localement, lorsque les circonstances seront favorables. C'est le cas de la géothermie en Islande, en Italie et aux Philippines, de l'énergie des marées en France. Mais globalement, au niveau mondial, elles ont toutes chances de rester limitées, tout au moins à un horizon prévisible.

En résumé, les énergies renouvelables sont appelées à jouer un rôle fortement accru dans les prochaines décennies parce qu'elles contribuent au développement durable et ne rejettent pas, au moins directement, de CO_2. La France est particulièrement bien placée pour l'hydraulique (déjà exploité presque en totalité) et pour la biomasse. Cependant, le caractère dispersé de ces énergies entraîne généralement des coûts élevés. Le caractère intermittent de certaines de ces énergies limite également leur potentiel.

Une hausse du prix de l'énergie – prévisible à l'horizon 2020-2050 – pourrait prendre le relais des subventions aujourd'hui nécessaires pour assurer le développement des énergies renouvelables. On estime généralement qu'il faudrait pour cela que le prix de l'énergie soit *durablement* dans la fourchette de 50 à 100 €/baril de pétrole.

Des efforts importants de recherche et de développement sont nécessaires dans plusieurs domaines, notamment le solaire photovoltaïque, le stockage de l'électricité et les biocarburants, si l'on veut qu'ils jouent un rôle significatif à long terme.

L'énergie nucléaire

L'énergie nucléaire fournit environ 16 % de l'électricité produite dans le monde, à peine moins que l'hydraulique. Le potentiel de cette énergie est élevé : avec les technologies actuellement utilisées – essentiellement les réacteurs à eau – les ressources en uranium à bas prix permettent de maintenir cette production au niveau actuel pendant près d'un siècle ; et, avec les réacteurs à neutrons rapides, ces ressources seraient multipliées par au moins 50. En outre, le coût de l'électricité nucléaire est du même ordre de grandeur que celui des meilleures énergies fossiles (25 à 35 €/ MWh), pour autant que l'on accepte des durées d'amortissement de 30 ans et plus, conformes à leurs durées de vie. Enfin, l'énergie nucléaire n'émet pas de gaz à effet de serre.

En revanche, l'énergie nucléaire se heurte à plusieurs obstacles, parmi lesquels les plus notables sont un rejet par une fraction notable des citoyens et les réserves des investisseurs. Or l'acceptabilité sociale est une nécessité en démocratie, comme l'engagement des investisseurs dans une économie libérale.

Les ressources

Les ressources en uranium naturel dépendent, comme celles des énergies fossiles, du prix que l'on accepte de payer. Or, étant donné le très faible poids de l'uranium naturel dans le coût du kWh (moins de 5 % au prix actuel), un doublement ou un triplement de ce prix n'aurait pas de conséquences très lourdes sur le coût de l'électricité nucléaire. Dans ces conditions, on estime à entre 60 et 70 Gtep les ressources accessibles à un prix raisonnable, pour une consommation actuelle voisine de 0,6 Gtep. Les ressources en uranium permettraient donc d'augmenter, dans des proportions modestes mais pas négligeables, la contribution du nucléaire au « panier » énergétique tout en conservant les technologies éprouvées actuelles. En revanche, une forte augmentation, portant la part du nucléaire à 2 ou 3 Gtep/an, nécessiterait de développer de nouveaux types de réacteurs, à neutrons rapides, permettant de valoriser l'uranium 238 qui représente plus de 99 % de l'uranium naturel[23].

L'économie du nucléaire

L'industrie nucléaire est fortement capitalistique et est caractérisée par des provisions relativement importantes constituées en vue de financer le démantèlement des installations, ainsi que le retraitement (ou l'entreposage)

---

23. Ou éventuellement des réacteurs à neutrons thermiques utilisant du thorium, autre élément fertile abondant.

des combustibles usés et le stockage ultime des déchets. Il en résulte une forte sensibilité du coût de l'électricité nucléaire aux conditions financières. En France, et dans la plupart des comparaisons internationales, on adopte généralement un taux d'actualisation de 8 % qui conduit à un coût de l'ordre de 30 €/MWh. Les industriels finlandais, qui misent sur un investissement à long terme leur garantissant un coût stable, ont choisi un taux d'intérêt réel de 5 %, qui ramène le coût à environ 25 €/MWh. À l'inverse, certaines études américaines font l'hypothèse d'un taux de retour sur investissement de 15 %, équivalent à un taux d'actualisation de 12 ou 13 %, portant le coût à 35 €/MWh ; elles justifient ces taux élevés en partie par les risques de modifications du contexte réglementaire et politique aux États-Unis[24].

Certains critiquent ces évaluations en faisant état du coût présumé des conséquences de la catastrophe de Tchernobyl, et font valoir que le coût potentiel d'accidents graves ou d'attentats terroristes n'est pas pris en compte dans les évaluations précédentes. Cette critique est mal fondée. Dans les centrales de troisième génération[25] (le projet EPR par exemple), les conséquences d'accidents graves entraînant la fusion du cœur sont évaluées au millième de celles de Tchernobyl ; il en résulte que l'essentiel du coût d'un tel accident serait lié à la perte de l'installation, à son nettoyage

---

24. Au début 2005, le Commissariat au plan français a fixé le taux d'actualisation à 4 %, très proche du taux retenu par les Finlandais. Ce choix traduit la volonté du gouvernement français de privilégier le long terme dans les choix d'investissements.

25. Rappelons que l'on désigne par « deuxième génération » les réacteurs industriels aujourd'hui en service, « troisième génération » les réacteurs dérivés de ceux-là et pouvant être construits dès maintenant, et « quatrième génération » les réacteurs qui nécessitent encore des travaux importants de recherche et développement.

et à son démantèlement, et non aux effets extérieurs à la centrale. La probabilité très faible d'un tel accident (inférieure à un pour cent mille par an et par réacteur) en limite fortement l'impact financier en termes d'assurance. Quant aux attentats terroristes, la possibilité qu'ils puissent conduire à une fusion du cœur est extrêmement faible.

En définitive, la fourchette 25 à 35 €/MWh, confirmée en France par les études du ministère de l'Industrie et contrôlée par l'Office parlementaire d'évaluation des choix scientifiques et technologiques (OPECST), paraît fondée, pour autant que les responsables politiques garantissent des règles du jeu stables sur des durées suffisamment longues.

La gestion des déchets

Le devenir des déchets nucléaires est un sujet aujourd'hui particulièrement sensible. Le citoyen s'interroge sur les risques à court terme liés à des déchets fortement radioactifs, notamment en matière de transport et d'entreposage, et sur les risques à très long terme liés au fait que la durée de vie de certains d'entre eux se compte en milliers, voire en millions d'années.

Il n'est pas contestable que les déchets générés par les programmes militaires des années 1940 et 1950 ont été mal gérés, et que les programmes d'assainissement des sites nucléaires de l'époque, notamment américains et russes, mobilisent aujourd'hui des moyens considérables. En revanche, l'expérience acquise depuis les années 1960 dans le nucléaire civil permet d'affirmer que les problèmes ont été traités très sérieusement dès l'origine. Le tri et le conditionnement des déchets, notamment, ont permis d'assurer dans de bonnes conditions de sûreté leur gestion depuis plusieurs décennies.

À long terme, les déchets à vie courte et moyenne auront disparu et seuls subsisteront les radionucléides à vie longue, donc moyennement ou faiblement radioactifs. En l'absence de retraitement, le plus important de ces éléments est le plutonium. Avec retraitement, c'est un actinide mineur, le neptunium, moins abondant que le plutonium et à vie beaucoup plus longue, et donc beaucoup moins radioactif. Dans un cas comme dans l'autre, il se dégage un large consensus international pour préconiser, moyennant un certain nombre de précautions, un stockage géologique profond de ces déchets à vie longue : un tel stockage mettrait les déchets à l'abri des aléas climatiques (nouvelle période glaciaire notamment) et ralentirait très fortement toute remontée de produits radioactifs vers la surface, même après une éventuelle dégradation des colis de déchets et des barrières de confinement en champ proche.

La sûreté à très long terme du stockage repose sur les barrières successives mises en œuvre et la démonstration de sûreté doit être faite en tenant compte des caractéristiques propres de chaque site et, notamment, des risques de corrosion par une éventuelle circulation d'eau. Les sites de stockage doivent donc être choisis pour minimiser ces risques, ce qui conduit à rechercher des terrains de sel, d'argile ou de granite, et il est nécessaire d'évaluer les risques de dégradation des terrains sous l'effet des travaux réalisés, de la chaleur dégagée par les colis de déchets et d'éventuelles intrusions humaines.

De nombreuses études internationales et françaises montrent que les effets de la remontée en surface de radionucléides à vie longue seraient en toutes circonstances largement inférieurs à ceux de la radioactivité naturelle.

Ces études, qui portent sur des sites « types », dans le granite, le sel et l'argile, restent à confirmer pour chaque site réel en tenant compte de ses caractéristiques propres.

Le dimensionnement d'un stockage dépend au premier chef du dégagement de chaleur des colis de déchets. C'est la raison pour laquelle il est toujours prévu une période d'entreposage de plusieurs décennies, le temps que la chaleur dégagée par les produits de fission et les éléments lourds à vie courte et moyenne ait fortement diminué. Au-delà de cette période, ce sont le plutonium en l'absence de retraitement ou l'américium contenu dans les verres s'il y a retraitement qui contribuent le plus au dégagement de chaleur. Une des voies actuellement explorées pour les réacteurs de « quatrième génération » est la coextraction du plutonium et de l'américium lors du retraitement, suivie d'un recyclage de ces deux éléments dans des réacteurs à neutrons rapides. Une telle voie permettrait simultanément d'augmenter les ressources (*cf. supra*) et de limiter les besoins en sites de stockage grâce à la diminution de la charge thermique des colis. L'approche pour la quatrième génération rejoint ainsi un des axes de la loi Bataille de 1991 et figure dans la nouvelle loi relative aux déchets nucléaires, adoptée en juin 2006.

Quoi qu'il en soit, les éléments techniques développés ci-dessus ne suffisent pas nécessairement à convaincre tous les citoyens. Une des raisons est sans doute le rejet de toute implantation de déchets ultimes, quels qu'ils soient, et il appartient alors aux responsables politiques d'expliquer les enjeux, de tout faire pour obtenir l'adhésion des citoyens et, *in fine*, de prendre leurs responsabilités[26].

---

26. C'est ce qu'ont fait les gouvernements et les Parlements finlandais et suédois, et c'est la voie définie par les lois françaises de 1991 et 2006.

La peur de la radioactivité

La radioactivité fait peur, c'est incontestable.

La communauté scientifique internationale a adopté depuis de nombreuses années des règles de radioprotection fondées sur l'hypothèse que toute dose de rayonnements ionisants pourrait avoir un effet sur la santé proportionnel à cette dose, le coefficient de proportionnalité étant déduit des effets observés pour des doses élevées. Ces règles ont le mérite de la simplicité et de l'additivité : les effets « stochastiques » seraient en effet les mêmes pour 1 000 personnes recevant chacune 1 mSv et pour une personne recevant mille fois plus.

Elles ne rendent cependant pas compte des connaissances scientifiques actuelles, comme l'a affirmé à plusieurs reprises l'Académie de médecine ; plus simplement, elles semblent contredites par l'observation de l'absence d'effet décelable de variations pourtant très importantes de la radioactivité naturelle d'un lieu à un autre, de 2 à 50 mSv sur de larges populations, avec des écarts localement encore plus élevés.

C'est la raison pour laquelle de nombreuses voix s'élèvent aujourd'hui pour proposer d'établir une échelle de gravité de radioprotection, analogue à l'échelle de gravité de sûreté nucléaire, et que, dans une telle échelle, une dose inférieure à 10 mSv soit considérée comme ne nécessitant en général aucune mesure particulière de précaution et une dose inférieure à 1 mSv comme ne présentant aucun risque.

À cette aune, les retombées en France de Tchernobyl et les effets à très long terme des déchets nucléaires seraient parfaitement négligeables. Des attentats terroristes dispersant des produits radioactifs à l'aide d'explosifs classiques n'auraient d'effets radiologiques que sur les personnes se trouvant à proximité immédiate. En bref, en ramenant les effets des rayonnements ionisants à leur juste valeur, de telles propositions, lorsqu'elles auront été entérinées par la communauté scientifique, seraient de nature à mettre fin à la peur que suscitent les rayonnements ionisants. Elles limiteraient aussi les risques très importants que cette peur irraisonnée fait courir à nos sociétés en provoquant des paniques injustifiées, facilement exploitables par des terroristes.

Les risques de prolifération nucléaire

L'énergie nucléaire civile est souvent assimilée au nucléaire militaire symbolisé par Hiroshima et Nagasaki. Une partie des citoyens voit dans l'énergie nucléaire la voie ouverte à la prolifération du nucléaire militaire. Cette crainte est-elle fondée ?

On doit constater que les pays qui se sont dotés de l'arme nucléaire l'ont fait avant de s'engager dans le nucléaire civil. Lorsqu'ils se sont lancés dans le nucléaire civil, ils ont adopté d'autres technologies, beaucoup plus performantes en matière de production d'électricité, mais beaucoup moins performantes pour obtenir des matières fissiles adaptées aux besoins militaires.

Les pays qui ont voulu se doter ultérieurement de l'arme nucléaire ont soit copié ce qu'avaient fait leurs prédécesseurs, soit, beaucoup plus facilement, mis en œuvre de nouvelles technologies d'enrichissement de l'uranium, difficiles à contrôler parce que de petite taille et facilement dissimulables. En revanche, les installations nucléaires civiles de grande puissance sont faciles à contrôler, ce à quoi s'emploie efficacement l'AIEA.

Le risque de prolifération nucléaire est bien réel, mais il n'est pas directement lié au développement du nucléaire civil. Celui-ci peut cependant servir d'alibi à la construction d'installations d'enrichissement de l'uranium, comme en témoigne le cas de l'Iran aujourd'hui. Il est donc essentiel que les pays accédant au nucléaire civil acceptent les contrôles de l'AIEA, ne serait-ce que pour prouver leur bonne foi.

En résumé, l'énergie nucléaire doit jouer un rôle important dans le « panier» énergétique dans les prochaines décennies, en se fondant sur des technologies éprouvées et sûres de réacteurs et de cycles de combustibles, et en gérant de façon responsable ses déchets. Elle est compétitive avec le gaz naturel et le charbon importés, même en l'absence de « taxe CO_2 ». Une « taxe CO_2 » lui donnerait un avantage économique notable. Le niveau élevé des investissements nécessaires est un handicap, mais n'est pas très différent de celui des investissements requis pour le grand hydraulique et pour le transport du gaz naturel à grande distance.

Les obstacles au nucléaire sont cependant réels. Ils reposent tous, plus ou moins, sur la peur de la radioactivité, renforcée par l'amalgame qui est fait avec le souvenir d'Hiroshima et de Nagasaki. Ces obstacles étant avant tout d'ordre psychologique, les arguments scientifiques et techniques suffiront-ils à les lever ? Ou bien les enjeux d'un développement durable et respectueux de l'environnement de la planète permettront-ils de les surmonter ?

Les vecteurs de l'énergie[27] : une révolution en marche

Les vecteurs jouent un rôle essentiel dans l'utilisation des différentes énergies. Ainsi le pétrole, énergie concentrée et facile à transporter, a occupé presque entièrement le créneau des transports automobiles et aériens. Le gaz naturel se prête bien à la distribution en réseau et est largement utilisé dans les secteurs résidentiel et tertiaire. L'électricité est devenue un des vecteurs les plus importants. L'hydrogène, enfin, est parfois présenté comme le vecteur de l'avenir car, contrairement à l'électricité, il est stockable. Et la valorisation de la biomasse, soit comme source de chaleur, soit comme carburant, va nécessiter de nouveaux vecteurs. Il est donc intéressant d'examiner de plus près la révolution des vecteurs que devrait connaître le XXIe siècle.

Le pétrole et le gaz

Le pétrole et le gaz naturel, vecteurs majoritaires aujour-d'hui, devraient voir leur rôle considérablement diminuer dès lors que l'on se rapprocherait du « facteur 4 » pour les émissions de CO_2.

« L'eau chaude »

Les énergies renouvelables fournissant de la chaleur (bois, solaire, géothermie) ne pourront se développer massivement que s'il se crée des réseaux de chaleur utilisant l'eau chaude ou un fluide approprié.

---

27. Les vecteurs d'énergie, rappelons-le, sont les moyens de transporter l'énergie.

Les biocarburants

Les biocarburants, produits à partir de la biomasse, peuvent aussi être considérés comme l'un des nouveaux vecteurs d'énergie.

L'électricité

L'électricité peut être produite à partir de pratiquement toutes les énergies primaires. Traditionnellement, c'est le charbon dans les centrales thermiques et l'hydraulique qui ont été à l'origine du développement de l'électricité, notamment en France, puis le pétrole, le nucléaire et, plus récemment, le gaz naturel et les autres énergies renouvelables.

Il est remarquable aujourd'hui que le charbon, le nucléaire, les énergies renouvelables « mécaniques » (hydraulique et éolienne) et le gaz naturel en cycle combiné utilisent nécessairement l'électricité comme vecteur. Un fort développement de ces énergies primaires nécessite impérativement un développement des usages de l'électricité. Ce fut le cas en France avec le programme nucléaire des années 1970 et 1980, et c'est ce qu'on observe dans le monde où la consommation d'électricité augmente deux fois plus vite que celle des énergies primaires.

Cette tendance serait encore renforcée si les efforts de développement de la voiture électrique aboutissaient et, très probablement, si le vecteur hydrogène était appelé à se développer.

L'hydrogène

L'hydrogène pourrait devenir un vecteur d'énergie, par exemple pour se substituer au pétrole dans les transports, soit pour alimenter des piles à combustible sur les véhicules terrestres, soit comme carburant pour les avions, soit plus probablement en servant à produire des carburants liquides de synthèse[28].

Il se heurte cependant à une difficulté majeure, la très faible efficacité énergétique de sa production : pour produire 1 joule d'énergie thermique « hydrogène » à partir de l'eau, il faut, avec les techniques actuelles, dépenser plus de 5 joules d'énergie primaire. Même avec un très bon rendement pour l'utilisation finale[29], un tel handicap est impossible à surmonter. Pour les usages mobiles, le gaz naturel serait toujours meilleur, et pour les usages fixes, soit le gaz naturel, soit l'électricité.

L'amélioration des technologies de production de l'hydrogène sans émission de CO_2 est donc un impératif pour le succès de ce vecteur. Les recherches se poursuivent dans ce domaine vers les procédés à haute température de décomposition de l'eau (électrolyse et thermochimie), dont on espère une réduction de moitié de la dépense d'énergie primaire, et vers les procédés à base de charbon avec séquestration du CO_2.

Dans l'un ou l'autre cas, la complexité des procédés de production de l'hydrogène exige très probablement un fonctionnement en continu dans de grandes installations, ce qui écarte les énergies primaires dispersées et intermittentes. Les meilleurs candidats restent le grand hydraulique, le nucléaire et le charbon avec séquestration du CO_2[30].

---

28. Notamment à partir de la biomasse.
29. Estimé à 50 % dans une pile à combustible.
30. Produire l'hydrogène à partir de gaz naturel avec séquestration du CO_2 est imaginable, mais serait probablement une des voies les plus coûteuses de lutte contre l'effet de serre.

Un bilan

Compte tenu de tout ce qui précède, il est tentant d'esquisser un tableau de ce que pourrait être la situation en France dans le domaine de l'énergie, à l'horizon 2050 et d'examiner comment elle se situe par rapport aux grands enjeux mondiaux.

Esquisse de scénario pour 2050

Au terme de ce survol des possibilités d'utilisation rationnelle de l'énergie et des contributions possibles des différentes ressources d'énergie primaire et des principaux vecteurs, il apparaît assez clairement qu'aucune énergie ou famille d'énergies n'est en mesure de satisfaire à l'ensemble des objectifs de développement équitable et durable tout en respectant les contraintes, notamment environnementales et économiques. Les contraintes environnementales ont conduit en France, dans la loi d'orientation sur l'énergie de 2005, à définir un objectif de division par 4 des rejets de CO_2 d'ici 2050 (objectif dit « facteur 4 »). Les contraintes économiques nécessitent d'anticiper sur les inévitables chocs pétroliers et gaziers, en réduisant notre dépendance vis-à-vis de ces énergies.

Il paraît néanmoins possible de proposer quelques orientations sur ce que pourrait être un scénario « facteur 4 » en France[31].

L'approche par vecteurs d'énergie, esquissée plus haut, incite à distinguer les usages fixes de l'énergie (essentiellement

______

31. Voir par exemple le « scénario négatep » sur le site de Sauvons le climat.

thermiques) et les transports, et à s'intéresser tout particulièrement à l'électricité. Cette dernière est en effet le vecteur quasi obligé pour un certain nombre d'énergies primaires (charbon, nucléaire, solaire photovoltaïque, énergies renouvelables « mécaniques[32] ») et souvent privilégié pour le gaz naturel lorsque l'on veut utiliser celui-ci efficacement dans des centrales à cycle combiné. Tout développement massif de ces énergies implique donc nécessairement un accroissement concomitant des usages de l'électricité[33].

Le secteur résidentiel et tertiaire est le domaine où les économies d'énergie et les énergies renouvelables (biomasse, chaleur solaire, géothermie…), parfois associées à des pompes à chaleur électriques, peuvent le plus contribuer à réduire, voir totalement supprimer, les consommations de combustibles fossiles. En revanche, le secteur industriel devrait continuer à utiliser au moins partiellement des combustibles fossiles, le gaz naturel supplantant progressivement le pétrole.

Les besoins actuels de ces secteurs, hors électricité, sont proches de 70 Mtep et augmentent de 1 % par an. Les économies d'énergie devraient au moins permettre de stabiliser ces besoins, les énergies renouvelables « chaleur » d'en fournir la moitié, l'autre moitié étant fournie par les combustibles fossiles et une augmentation des quantités d'électricité. Le « facteur 4 » semble accessible dans ces secteurs.

Les besoins en énergie dans les transports nécessitent un examen particulier, tenant compte du début du déclin

---

32. Hydraulique et éolien.
33. Avec 16 000 TWh, équivalents à environ 3,5 Gtep d'énergie primaire, l'électricité représente 1/3 de l'énergie mondiale. Sa part pourrait devenir de l'ordre de la moitié.

du pétrole et des conséquences que cela aura sur les prix de cette ressource aujourd'hui difficile à remplacer.

À court terme, les véhicules hybrides à moteur thermique puis les hybrides biénergie (pétrole et électricité) pourraient permettre de stabiliser, puis de réduire, la consommation de pétrole, en partie remplacée par l'électricité[34]. Une réduction des besoins de déplacement serait souhaitable, mais est peut-être plus difficile à mettre en œuvre car elle implique des bouleversements profonds de nos sociétés et des comportements individuels.

À plus long terme, la préparation de l'« après pétrole » nécessite probablement le développement de filières de production de biocarburants et de production d'hydrogène, dont le succès dépendra d'une très forte amélioration de l'efficacité énergétique et du développement de sources d'énergie primaire à haute température et ne rejetant pas de gaz à effet de serre. Ces énergies primaires pourraient être, pour l'essentiel, le nucléaire et le charbon avec séquestration du CO_2.

En résumé, un « facteur 4 » sur les rejets de CO_2 (et donc sur la consommation de pétrole) semble très difficile à atteindre dans les transports avec les technologies aujourd'hui disponibles et les tendances actuelles de besoins de transports. Il faudra de toute évidence conjuguer de sérieux efforts d'économies d'énergie, de recherche et de développement. Peut-on espérer atteindre ce « facteur 4 » dans les transports d'ici à 2050 ? Il faudrait pour cela, par exemple, que les « négatep » permettent

---

34. Et peut-être la voiture tout électrique, sous réserve de percée technologique sur les batteries.

d'économiser 25 %[35], et que l'électricité et les biocarburants se substituent au pétrole pour 25 % chacun.

L'électricité possède deux caractéristiques essentielles : c'est le vecteur indispensable pour utiliser le charbon, le nucléaire, le solaire photovoltaïque et les énergies renouvelables mécaniques (hydraulique et éolien) et ses usages n'ont aucun effet notable sur l'environnement. Encore faut-il qu'elle soit elle-même produite sans nuire à l'environnement, et notamment sans rejet de gaz à effet de serre. C'est le cas pour le nucléaire et pour les énergies renouvelables. Cela pourrait le devenir au moins partiellement pour le charbon, si on arrive à capturer et stocker le CO_2 produit lors de sa combustion.

On vient de voir que l'électricité est la principale énergie capable de remplacer massivement le pétrole dans les transports, soit en fournissant l'apport extérieur d'énergie nécessaire pour produire efficacement des biocarburants, soit directement pour recharger les batteries des voitures hybrides ou électriques. Si on y ajoute l'alimentation des pompes à chaleur associées au solaire et à la géothermie, et même en tablant sur une stabilisation de ses usages traditionnels[36], la part de l'électricité dans le « panier » énergétique devrait augmenter fortement, tant dans le monde qu'en Europe. En France, la production d'électricité pourrait ainsi augmenter de près de 500 TWh aujourd'hui à 700 ou 800 TWh.

L'équité entre pays riches et pays pauvres

L'objectif d'équité entre pays riches et pays pauvres nécessite, entre autres, de faciliter l'accès de ces derniers

---

35. Faudra-t-il faire une révolution dans l'organisation de la cité afin de limiter les besoins de déplacement ?
36. Ceux-ci augmentent encore de 1,5 à 2 % par an en France.

aux meilleures techniques d'utilisation rationnelle de l'énergie et à une énergie aussi respectueuse que possible de l'environnement en quantités suffisantes. Il s'agit, pour l'essentiel, du gaz naturel et des énergies renouvelables. On peut y ajouter, pour les grands pays émergents (Chine, Inde, Brésil), l'énergie nucléaire.

L'éthique du développement durable

L'éthique du développement durable a plusieurs implications dans le domaine de l'énergie.

Éviter, autant que faire se peut, d'épuiser les ressources non renouvelables ; s'il est probablement trop tard pour le pétrole dont le pic de production est proche, il n'est pas trop tard pour le gaz naturel qui devrait être utilisé avec parcimonie et réservé aux usages où il est irremplaçable.

Préserver le climat de la planète, ce qui implique de limiter l'usage des énergies fossiles et de chercher, lorsque c'est possible, à séquestrer le CO_2 ; même ainsi, on ne pourra pas empêcher une augmentation des rejets de CO_2 dans l'atmosphère au cours des prochaines décennies.

Garantir la pérennité du confinement des radionucléides contenus dans les déchets, ce qui implique de mener à leur terme les programmes de recherche et développement en cours.

Économie

L'économie des différentes filières énergétiques est appelée à jouer un rôle essentiel dans le classement des différentes énergies par ordre de mérite.

À ce titre, on peut envisager deux cas de figure un peu extrêmes selon que l'on prend ou non en compte les objectifs de limitation des rejets de CO_2 :

– en l'absence de « taxe CO_2 », le charbon, le gaz naturel et le nucléaire sont sensiblement équivalents pour un prix de charbon de 30 à 40 \$/t et de gaz de 3 \$/MTU ; ce seront d'autres considérations que le coût qui entreront en ligne de compte, telles que l'incertitude sur le prix futur du gaz et les risques pour la sécurité d'approvisionnement, et cela de façon différenciée selon les situations des différents pays. Les énergies renouvelables, sensiblement plus chères à service rendu égal, ne se développeront qu'à l'aide de subventions dont le montant total sera nécessairement limité ;

– avec une « taxe CO_2 » significative (par exemple dans la fourchette 50 à 150 €/tC contenu, souvent évoquée), le coût du MWh gaz ou charbon serait majoré de 30 à 100 %, avec pour conséquence un avantage très marqué pour le nucléaire et des perspectives nouvelles pour les énergies renouvelables.

Recherche et développement

Le secteur de l'énergie nécessite de vigoureux efforts de recherche et développement, à la fois pour améliorer l'efficacité dans l'utilisation de l'énergie, réduire les effets dommageables sur l'environnement et la santé, et trouver de nouvelles sources d'énergie.

Parmi les efforts plus importants et les plus urgents, on doit citer :

– la préparation de l'« après-pétrole », en particulier des filières de production de biocarburants et d'hydrogène ;

– la séquestration du CO_2, qui permettrait d'utiliser plus et mieux le charbon, tout en réduisant de façon notable les rejets de CO_2 ;

– le développement des technologies nucléaires qui permettraient de valoriser les ressources en uranium 238 et faciliter le stockage des déchets ;

– l'amélioration de l'efficacité des panneaux solaires photovoltaïques, indispensable pour en réduire sensiblement le coût ;

– le développement des moyens de stocker l'électricité qui permettraient de valoriser les énergies intermittentes.

Conclusion

Les conclusions peuvent se résumer assez simplement malgré la complexité des questions abordées.

Tous les moyens d'économiser et de mieux utiliser l'énergie, et toutes les sources d'énergie primaire, seront nécessaires pour faire face aux besoins de la période 2020-2050. Car, on l'a vu, aucune des voies explorées ne permet à elle seule de faire face aux défis qu'il faudra bien relever.

Au tout premier plan, il faut évidement viser les meilleurs usages possibles de l'énergie, et ceci d'autant plus que le prix de l'énergie va inévitablement augmenter. La diminution des besoins par un changement profond des modes de vie est quant à elle peut-être souhaitable (c'est un vrai débat de société), mais incomparablement plus difficile à mettre en œuvre.

La part des énergies ne rejetant pas de gaz à effet de serre (nucléaire et énergies renouvelables) devrait augmenter fortement si on veut limiter les risques de réchauffement climatique. La séquestration du CO_2 rejeté par les grandes installations brûlant du charbon devrait également contribuer à l'atteinte de cet objectif et son rôle devrait être déterminant dans les pays gros utilisateurs de charbon : États-Unis, Chine et Inde et, en Europe, Allemagne et Pologne. Le monde est en fait condamné à réussir s'il veut avoir la moindre chance de limiter les rejets de CO_2.

Parmi les sources d'énergie, le gaz naturel, la plus propre des énergies fossiles, est en train d'augmenter fortement sa part de marché dans les pays riches, alors qu'il devrait être utilisé avec parcimonie pour satisfaire à l'éthique du développement durable et permettre aux pays pauvres de satisfaire leurs besoins vitaux. Réduire la fracture entre pays riches et pays pauvres n'est pas seulement affaire d'équité, c'est également une assurance vie pour les pays riches.

Il est urgent de préparer l'« après-pétrole » dans les transports, car le début du déclin de la production est possible dès le début de la période 2020-2050[37] et il n'existe encore aucune solution satisfaisante de remplacement durable du pétrole (autre que le gaz naturel) ; un effort particulier doit être fait pour développer les véhicules hybrides biénergie, les carburants de synthèse et les biocarburants.

Face au risque climatique, et dans la perspective de déclin du pétrole, l'électricité devra jouer un rôle croissant, car elle est la seule forme d'énergie qui puisse être à la fois produite, transportée et utilisée avec très peu de rejets de CO_2. Elle est en outre un vecteur obligé – en

---

37. Certains annoncent même 2010.

attendant un hydrogène problématique – pour utiliser le charbon avec séquestration du CO_2, le solaire photovoltaïque, les énergies renouvelables mécaniques et l'énergie nucléaire (y compris la fusion).

Mais rien de tout cela ne se fera, à l'échelle voulue, si nous n'apprenons pas à vivre avec une énergie durablement beaucoup plus chère qu'aujourd'hui ; une telle évolution est nécessaire à la fois pour encourager les économies d'énergie et pour permettre le développement des différentes voies.

Les efforts resteront insuffisants tant que les uns, comme George Bush, persisteront à affirmer que les progrès technologiques permettront à eux seuls de relever les défis et que d'autres persisteront à croire qu'ils peuvent être relevés uniquement par la sobriété et les énergies renouvelables. Pour ma part, je suis convaincu que le monde aura besoin de réunir les efforts de tous et d'explorer toutes les voies.

Une autre chose est certaine : réduire d'un « facteur 4 » les rejets de CO_2 en Europe et en France n'est pas utopique, mais cela demandera beaucoup de volonté, de courage … et des sous. Et plus on attendra, plus ce sera douloureux : « Rien ne sert de courir, il faut partir à point. »

SIGLES

Ademe – Agence de l'environnement et de maîtrise de l'énergie.

AIEA – Agence internationale de l'énergie atomique.

CNE – Commission nationale d'évaluation, créée par la loi de 1991 sur les déchets nucléaires.

Criirad – Commission de recherche et d'information sur la radioactivité.

EPR – European Pressurised Reactor.

EUR – European Utilities Requirements.

FA – Déchets nucléaires de faible activité.

ITER – International Thermonuclear Experimental Reactor.

Mox – Combustible « mixed oxyde ».

MIES – Mission interministérielle de l'effet de serre.

Négawatt, négatep – Énergie non utilisée.

OMS – Organisation mondiale de la santé.

OPECST – Office parlementaire d'évaluation des choix scientifiques et technologiques.

REP – Réacteur à eau sous pression.

RNR – Réacteur à neutrons rapides.

SCPRI – Service central de protection contre les rayonnements ionisants.

SUV – Sport Utility Vehicle.

TFA – Déchets nucléaires de très faible activité.

TNP – Traité de non-prolifération.

UNSCEAR – United Nations Scientific Committee on the effects of radiations.

UNITÉS

Énergie

British Thermal Unit (BTU) : unité d'énergie anglaise qui vaut 1 050 joules et son multiple le million de BTU (MBTU) qui vaut 1,05 GJ.

Joule (J) et ses multiples : million de joules (MJ) et milliard de joules (GJ).

kWh : 1 kW pendant une heure, soit 3,6 MJ.

TWh : 1 milliard de kWh.

Tep (tonne équivalent pétrole) : 42 GJ.

Gtep : 1 milliard de tep.

Négatep : une tep économisée.

Puissance

Watt (W) : 1 J par seconde ; ses multiples mille (kW), un million (MW) et un milliard (GW).

Radioactivité

La radioactivité se mesure en becquerels (Bq), 1 Bq correspond à une désintégration radioactive par seconde. Notre corps est le siège de plusieurs milliers de Bq.

L'énergie déposée dans un tissu par un rayonnement se mesure en grays (Gy) – une radiothérapie correspond à plusieurs Gy ou plusieurs dizaines de Gy.

L'effet sur l'homme d'un rayonnement se mesure en sieverts (Sv) – l'effet sur l'homme de la radioactivité naturelle est de quelques millièmes de Sv (mSv).

QUELQUES ORDRES
DE GRANDEUR

Consommation annuelle « vitale » d'un homme : 0,1 tep.

Production agroalimentaire mondiale : 2 à 3 Gtep.

Production mondiale d'énergie en 2000 (Gtep) :
- Biomasse   1
- Charbon   2,6
- Pétrole   3,5
- Gaz naturel   2,2
- Hydraulique   0,6
- Nucléaire   0,6

REMERCIEMENTS

L'idée de cet ouvrage a pour origine les questions et interpellations qui ont jalonné les conférences et les débats auxquels j'ai participé au cours des six dernières années. Que les quelque 5 000 participants à ces conférences en soient remerciés.

Le contenu n'a pas pu ne pas être influencé par ces interpellations. Il a été enrichi par de nombreuses réunions de travail à l'Académie des technologies et à l'Office parlementairc d'évaluation des choix scientifiques et technologiques (OPECST), et j'en remercie les participants. Les propos (et propositions) qu'il contient me sont cependant strictement personnels et ne sauraient engager en quoi que ce soit ces institutions.

Je remercie tout particulièrement mon épouse Elizabeth, ma sœur Françoise et son compagnon Maurice Roechlin, mon fils Rémy, mes amis Gilbert et Geneviève Ruelle et leur fille Aline, ainsi que Pierre et Anne-Marie Goube qui ont bien voulu relire le manuscrit et me faire part de leurs critiques et corrections.

TABLE DES MATIÈRES

Prologue   9

Chapitre 1. Quel débat ?   12

Chapitre 2. Qu'est-ce que l'énergie ?   17

Le « rendement de Carnot »   18
Énergies dites « primaires », « finales »
ou « utiles »   20
Transformation énergie primaire
– énergie électrique   22
Quelques ordres de grandeur   23
Énergie et puissance   24
Du négawatt au négatep   25

Chapitre 3. L'électricité est-elle le plus sûr moyen
de gaspiller l'énergie ?   27

Chapitre 4. L'électricité peut-elle contribuer
à « sauver le climat » ?   32

Chapitre 5. Source ou antisource d'énergie ?
La légende de l'hydrogène   36

Chapitre 6. Les économies d'énergie
peuvent-elles tout faire ?   41

Haro sur George W.   41
*Les perspectives de la demande
américaine d'énergie*   42
*Les moyens d'action vus
par un Américain*   44
La paille et la poutre   46
*Quelle pourra être la place
des économies d'énergie ?*   49

Chapitre 7. Les lampes à basse consommation
permettent-elles de protéger le climat ?   51

Chapitre 8. Et le vent ?   54

Qu'est-ce que l'énergie éolienne ?   55
Pour ou contre ?   56
Combien ça coûte ? Combien ça vaut ?   59
Quel potentiel ?   61
*Que dire des autres « nouvelles énergies
renouvelables » ?*   62

Chapitre 9. Le charbon, énergie sale ?   66

Pollutions locales   67
Pollutions régionales   68
Pollution globale   69

Chapitre 10. Le gaz naturel, énergie propre ? . . .   72

Est-ce une énergie si propre que cela ?   73
Gaz naturel et effet de serre   74

Gaz naturel et sécurité   75
Les clients potentiels du gaz naturel . .   76

Chapitre 11. Le nucléaire contribue-t-il
à l'effet de serre ?   79

Chapitre 12. Tchernobyl et radioactivité,
une caricature de débat   82

*Les conséquences de la catastrophe
de Tchernobyl dans l'ex-URSS*   83
*Les conséquences de Tchernobyl
en France*   87
*Un accident équivalent pourrait-il
avoir lieu en France ?*   89
*Faut-il avoir peur des très faibles doses
de radioactivité ?*   91
Radioactivité et terrorisme   95

Chapitre 13. Les déchets nucléaires : problème
insoluble ou problème résolu ?   98

Qu'est ce que sont les déchets nucléaires ? 99
*Un premier principe : le confinement
des radionucléides* 100
Un deuxième principe : le tri 101
*Les conséquences du dégagement
de chaleur* 103
*Avantages et inconvénients
du retraitement* 104
*Avantages et inconvénients
de la transmutation des actinides mineurs* 105
Les 4 périodes à considérer 106

Chapitre 14. Faut-il avoir peur du plutonium ? .. 110

Plutonium et prolifération nucléaire 111
La radiotoxicité du plutonium 113
*Que faire du plutonium produit
dans les réacteurs ?* 114

Chapitre 15. EPR, un projet obsolète ? 117

Chapitre 16. Attendre la quatrième génération ? . 123

Chapitre 17. Discrimination positive ? 130

*Le nucléaire prend-il en charge le risque
financier lié à un accident grave ?* .. 130
*Recherche sur le nucléaire
ou sur les énergies renouvelables ?* .. 134
Un investissement pénalisant ? 135
*Le nucléaire pénalisé
par ses contraintes ?* 136

Chapitre 18. Vous avez dit « éthique » ? 139

Chapitre 19. La solidarité Nord-Sud
est-elle possible ? 144

*Comment réduire les émissions de CO_2
dans les pays riches ?* 148
L'indispensable solidarité internationale 150

Chapitre 20. L'Allemagne pourra-t-elle
sortir du nucléaire ? 153

Chapitre 21. Bilan et propositions 158

Faut-il en rire ou en pleurer ? 158

*Les trois paradigmes : « Bush », « négawatt »
et « climat »* 163
*Quels seront les besoins d'énergie
au XXIe siècle ?* 165
Quel horizon ? 166
Les « négatep » 167
Les énergies fossiles 169
Le charbon et la séquestration du CO_2
(169) – Le pétrole (171) –Le gaz naturel
(173)
Les énergies renouvelables 177
L'hydraulique (177) – L'énergie éolienne
(178) – L'énergie solaire (179) – La
biomasse (180) – Autres énergies renouvelables (182)
L'énergie nucléaire 183
Les ressources (184) – L'économie du
nucléaire (184) – La gestion des
déchets (186) – La peur de la radioactivité (189) –Les risques de prolifération nucléaire (190)
*Les vecteurs de l'énergie :
une révolution en marche* 192
Le pétrole et le gaz (192) – « L'eau chaude »
(192) – Les biocarburants (193) – L'électricité (193) – L'hydrogène (193)
Un bilan .... 195)
Esquisse de scénario pour 2050 (195)
– L'équité entre pays riches et pays
pauvres (198) – L'éthique du développement durable – (199) – Économie
(199) – Recherche et développement
(200)
Conclusion 201

Sigles 204

Unités 206
        Énergie (206) – Puissance (206) –
        Radioactivité (207)

Quelques ordres de grandeur 208

Remerciements 209

Du même auteur

Quelle énergie pour demain ?, NucléoN, 2000.

Imprimé par Lightning Source France
1 avenue Gutenberg
78310 Maurepas

N° d'édition : 7381-1980-Y